小楷插图珍藏本

山家清供

附：山家清事

（南宋）林洪 编著
谦德书院 注译

團結出版社

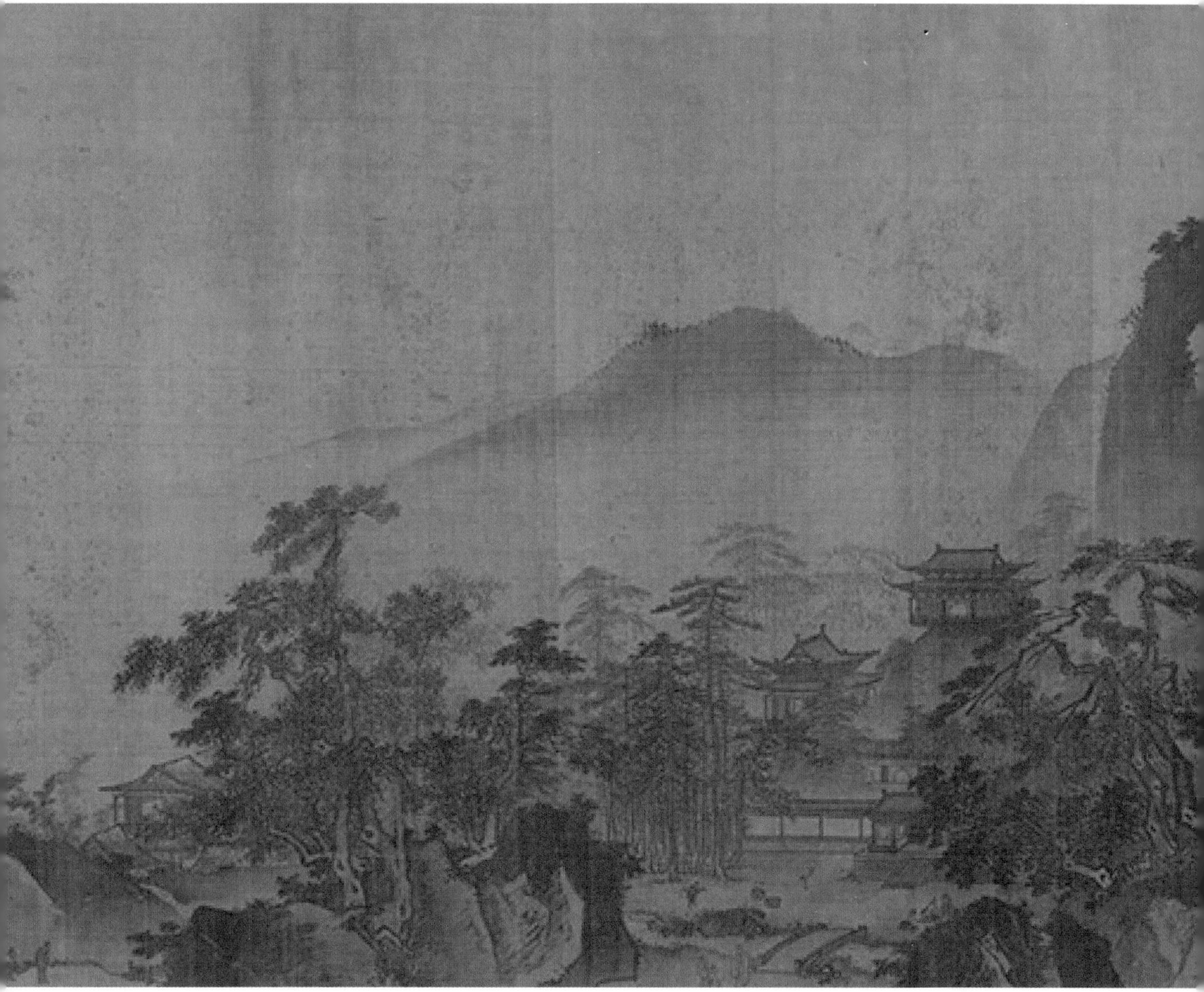

【南宋】马远《江山览胜图》

前言

「人间有味是清欢」，从宋朝起，我国的饮食习惯正式从「一日两餐」变为「一日三餐」，三餐直接促进了宋朝饮食业的极度繁荣，《清明上河图》中随处可见的酒肆、饭店，甚至是多如牛毛的市井小摊，无不折射出当时寻常百姓生活中浓郁的烟火气息，而文人学者关于饮食的著述浩如烟海，《山家清供》就是其中的典型代表。

顾名思义，「山家」即山野人家，「清供」指清雅的食物，「山家清供」就是山野人家的清雅吃食。它讲述的是山野人家朴素自然的饮食方式，告诉你怎样做一个清雅有格调的吃货，是中国人从古到今追求的一种清雅、淡薄的生活方式，是独属中国人的浪漫。

《山家清供》就如同宋朝的气质，寡淡中夹杂着淡雅，是一本能够让人静下心来研读的食谱。全书分为上下两卷，详尽记录了一百零四道菜肴，涵盖了菜、饭、羹、汤、面、饼、糕点等大类，食材也包含了蔬菜、水果、肉食等。从原料选取到加工烹饪，甚至是风味特点都有细致的描述，为我们研究宋朝的饮食文化提供了珍贵的原始资料。此外，书中在谈论每一道菜品时，还引用了大量唐宋诗词，不仅唯美，而且贴切。让我们看到「吃」在这些诗人身上，不仅是为了满足口腹之欲，更有一种「自甘藜藿，不羡轻肥」的人生态度，这种把吃与美联系起来的做法，让吃不再俗气，也让美有了依附。最关键的是，它还是一部结合了林洪人生轨迹的饮食文化类随笔，既有朴素的饮食美学，又有清雅脱俗的诗词，还有各种食疗养生，不仅是菜谱，还有掌故，读此书，就像与作者林洪在美食前交流，倍感亲切。

《山家清供》的作者林洪，字龙发，号可山，是福建泉州人，生活在南宋中后期。他在《山家清事》中提及自己的祖先是北宋时著名的隐士林逋，但他的这种说法还有待考证。因为林逋在宋朝「隐士圈」名声很大，他「以梅为妻，以鹤为子」，没有后代，所以时人都认为林逋不可能是林洪的祖先，他的这一举动不过是蹭名人热度，自抬身价，况且林洪在江淮一带流寓二十年，混得很一般，因此人们都看不起他。甚至还有人作诗讥讽林洪：「和靖当年不娶妻，只留一鹤一童儿。可山认作孤山种，正是瓜皮搭李皮。」和靖，是林逋的谥号，当年隐居在孤山。可山，是林洪的号。这首诗大意是说林洪自称是林逋的后人，就像西瓜和李子是两种完全不同的水果一样，完全不可能。然而根据清施鸿保《闽杂记》中记载，林则徐任浙江杭嘉湖道时，曾亲自主持重修林逋墓以及放鹤亭、巢居阁等古迹，发现了一块碑记，上面记载林逋确实是有后世子孙的，所以林洪是林逋后代的说法并非空穴来风。

且不论事实真相如何，林洪所留下的生活情趣和方式远比他的那位隐士祖先对我们的影响广泛，况且林洪还是南宋绍兴年间的三甲进士，诗文书画样样精通，断不至于自毁前途，胡乱认亲。你在他的身上可以发现即使一个人也能做很多事情，探寻前人足迹、深山访友、记录美食美酒、吟诗作画等等，因此他留下的著作也不少，有《西湖衣钵集》《文房图赞》等，此外《千家诗》也收录了他的两首《宫词》和一首《冷水亭》。不过，最被世人称道的还是他撰写的《山家清供》两卷和《山家清事》一卷。《山家清供》讲的是饮食，而《山家清事》则是记录各种清雅玩赏之事，如「相鹤」「种竹」「插花」「山轿」之类。

《山家清供》自问世以来，有诸多版本，先后被收入《说郛》《夷门广牍》《小石山房丛书》等丛书中，流传较广。

此次，我们编辑整理了这部「小楷插图典藏本《山家清供》」。书中既收录了文渊阁四库全书《说郛》丛书写本全文，又选取1936年上海商务印书馆《夷门广牍》影印本中的《山家清供》作为底本，该版本系影印明万历三十五年（1597）抄本，不仅年代较早，而且质量较高。同时参考1917年上海涵芬楼《说郛》丛书刻本中的《山家清供》，重新整理定本，并对全文进行注释和白话翻译，同时还插入了大量富有意趣的李唐、刘松年、马远、夏圭等南宋四家的绘画作品。全书集书法、插画、校勘、注释为一体，是一部既实用又美观，并兼具收藏价值的读本，希望能带给读者不一样的感受。但在编辑过程中，我们发现《山家清供》中涉及的不少诗文典故，部分文字与现在的通行本或有出入，为了方便读者阅读，除了明显的错讹之外，我们一般都予以保留并加以注释。虽然我们已经尽力帮助读者更好地阅读此书，但碍于学识有限，难免有不当之处，还请诸位方家指正。

——编者谨识

【南宋】马远《山居图》

目录

山家清供

山家清事

欽定四庫全書

說郛卷七十四上　　元　陶宗儀　撰

山家清供　林洪

青精飯

青精飯者以比重穀也按本草南天燭今黑飯草即青精也采枝葉擣汁浸米蒸飯曝乾堅而碧也久服益顔延筭仙方又有青石飯世未知石為何也按本草用青石脂三斤青粱米一斗水浸越三日擣為丸如李大日服三丸可不飢是知石脂也二法皆有據以山居供客

則當用前法如欲則效此方辟穀當用後法每讀杜詩曰豈無青精飯令我顏色好又曰李侯金閨彥脫身事幽討當時才名如李杜可謂切于愛君憂國矣天乃不使之壯年以行其志而使之但有青精瑶草之思惜哉

碧澗羹

芹楚葵也又名水英有二種荻芹取根赤芹取葉與莖俱可食二月三月作英時采之入湯取出以苦酒研子入鹽與茴香漬之可作葅惟瀹而羹之既清而馨猶碧澗然故杜甫有香芹碧澗羹之句或曰芹微草也杜甫

何取而誦咏之不暇不思野人持此猶欲以獻于君者乎

苜蓿盤

開元中東宮官僚清淡薛令之為左庶子以詩自悼曰朝日上團團照見先生盤盤中何所有苜蓿上欄干飯澁匙難滑羹稀筯易寬以此謀朝夕何由保歲寒上幸東宮因題其傍有若嫌松桂寒曷遂桑榆煖之句令之惶恐謝病歸每誦此詩愚同宋雪岩伯仁訪鄭野鑰見取種者因得其種并法其葉綠紫色而莖長或丈采用

湯焯油炒鹽如意虀茹皆可風味本不惡令之何為厭苦如此東宮官僚當一時之選而唐時諸賢見于篇什皆為左遷令之寄興恐不在此盤實僚之選至起食無餘之嘆上之人乃諷以去吁薄矣

考亭蔊

考亭先生每飲後則以蔊菜供一出于旴江分于建陽一生於巖灘石上公所供蓋建陽種集有蔊詩可考山谷縣孫崿以沙卧蔊食其苗云

太守羹

梁蔡遵為吴興守郡齋前自種白莧紫茄以為常餌世之醉醲飽鮮而急于事者視此得無愧然茄莧性俱微冷必加薑為佳耳

冰壺珍

太宗問蘇易簡曰食品稱珍何者為最對曰食無定味適口者珍臣心知虀汁羙太宗嘆問其故曰臣一夕酷寒擁爐燒酒痛飲大醉擁以重衾忽醒渴甚乗燭中庭見殘雪中覆一虀盎不暇呼童掬雪盥手滿飲數缶臣此時自謂上界仙廚鸞脯鳳腊殆恐不及屢欲作冰壺

先生傳記其事未暇也太宗笑而然之後有問其方者
僕答曰用清湯浸以菉豆解渴一味耳或不然請問之
氷壺先生

藍田玉

漢地理志藍田出美玉魏李預每羡古人餐玉之法乃
往藍田果得美玉預卒采治為屑服餌而不絶酒色偶
疾篤謂妻子曰服玉必屏居山林擯棄嗜欲當大有神
效而酒色不絶自致于死非玉過也要之長生之法能
清心戒慾雖不服玉亦可矣今法用瓠一二枚去皮毛

截作二寸方片爛蒸以養之不可煩燒鍊之功但除一切煩惱思想久而自然神清氣爽較之前法差勝矣故名

法製藍田玉

豆粥

漢光武在蕪蔞亭時得馮異奉豆粥至久且不忘報況山居可無此乎用瓦餅爛煮豆候粥少沸投之同煮既熟而食東坡詩云豈如江頭千頃雪茅簷出沒晨烟孤地碓舂粇光似玉沙餅煮豆軟如酥老我此身無著處賣書來問東家住臥聽雞鳴粥熟時蓬頭曳杖君家去

此豆粥法也若夫金谷之會徒咄嗟以誇客孰若山舍清談徜徉以候其熟也

蟠桃飯

采山桃用米泔煮熟漉置水中去核候飯湧同煮頃之如合飯法東坡用石曼卿海州事詩云戲將桃核裹紅泥石間散擲如風雨坐令空山作錦繡倚天照海光無數此種桃法也桃三李四能依此法越三年皆可飯矣

寒具

晉桓玄喜書畫客有食寒具不濯手而執畫帙者油污

其晝後不設寒具此必用油蜜煎者要術并食經皆只曰環餅世疑饊子也巧夕酸蜜食也杜甫十月一日乃有粔籹作人情之句廣記則載寒食事總三者俱可疑乃考朱氏注楚詞粔籹蜜餌有餦餭些謂以米麵煎熬作之寒具是也以是知楚辭一句自是三品粔籹乃蜜麵之乾也十月開爐餅也蜜餌乃蜜麵少潤者即蜜食也餦餭乃寒食寒具無可疑者閩人會娋名煎餔以糯粉和麵油煎沃以糖食之不濯手則能汙物且可留月餘宜禁烟用也吾翁和靖先生山中寒食詩云方塘波

綠杜衡青布殺提壺似足聽有客初嘗寒具罷據梧亦
飲散幽襟信手此為寒食具矣

黃金鷄

李白詩云亭上十分綠醑酒盤中一味黃金鷄其法燖
鷄淨洗用麻油鹽水煮入葱椒候熟擘飣以元汁別供
或薦以酒則白酒初熟黃鷄正肥之樂得矣有如新法
用炒等製非山家不屑為恐非真味也每思茅容以鷄
奉母而以菜奉客賢矣哉

槐葉冷淘

杜甫詩云青青高槐葉采掇付中廚新麪來近市汁滓宛相俱入鼎資過熟加餐愁欲無即此見其法于夏采槐葉之高秀者湯少淪研細濾清和麪作淘乃以醯醤熟蒸蔟細苗以盤行之取其碧鮮可愛也末句云君王納涼晚此味亦時須不惟見詩人一食未嘗忘君且知貴為君王亦珍此山林之味旨哉詩乎

地黄淘

崔元亮海上方治心痛去蟲積取地黄大者淨洗擣汁和細麪作淘食之出蟲尺許即愈正元間通事舍人崔

杭女作淘食之出蟲如蟇狀自是心患除矣本草浮為天黃半沉為人黃惟沉底者佳宜用清汁入鹽則不可食或淨洗細截挾米煮粥良有益也

梅花湯餅

泉之紫帽山有高人嘗作此供初浸白梅檀香末水和麵作餛飩皮每一疊用五出鐵鑿如梅花樣者鑿取之候煮熟乃過于雞清汁內每客上二百餘花可想一食亦不忘梅後留玉堂元剛亦有詩恍如孤山下飛至浮西湖

青精饭

青精饭，首以此重谷也。按本草①：「南烛木，今名黑饭草，又名旱莲草。」即青精也。采枝叶，捣汁，浸上白好粳米，不拘多少，候一二时，蒸饭。曝干，坚而碧色，收贮。如用时，先用滚水量以米数，煮一滚即成饭矣。用水不可多，亦不可少。久服延年益颜。仙方又有「青精石饭」，世未知「石」为何也。按本草：「用青石脂三斤②、青粱米一斗③，水浸三日，捣为丸，如李大，白汤送服一二丸④，可不饥。」是知「石脂」也。

二法皆有据，第以山居供客⑤，则当用前法。如欲效子房辟谷⑥，当用后法。每读杜诗⑦，既曰：「岂无青精饭，令我颜色好。」又曰：「李侯金闺彦，脱身事幽讨⑧。」当时才名如杜、李，可谓切于爱君忧国矣。天乃不使之壮年以行其志，而使之俱有青精、瑶草之思⑨，惜哉！

【注释】①本草：古代对中药古籍的统称。

②青石脂：青色的石脂，产于山谷中，性黏。古代用来涂丹釜或入药。

③青粱米：一种米色微青的粟米。

④白汤：白开水。

⑤第：但。

⑥子房：西汉开国大臣张良的字。

⑦杜诗：这里指杜甫所作的《赠李白》一诗。诗中「李侯」即指李白。

⑧讨：原文作「计」，据上海涵芬楼《说郛》丛书刻本改。

⑨瑶草：仙草。

【译文】青精饭，位居众多珍馐美馔之首，足见谷物在养生修道中所占据的重要地位。据本草记载：「南烛木，今名黑饭草，又名旱莲草。」其中的南烛木指的正是青精。采适量青精叶，捣烂滤汁，直接将上好的白粳米浸泡在叶汁中，米量多少不限，浸泡一到两个时辰后，将着色的粳米上锅蒸熟。蒸好的粳米经过曝晒风干，形成米粒坚硬、莹润碧绿的青精米，便于收贮。食用时，只需在青精米中加入适量滚水，待水煮开一滚，青精饭即成。制作青精饭的滚水量不能多也不能少。长期食用青精饭可延年益寿、滋补养颜。仙方中也有一种类似的「青精石饭」，只是世人大多不清楚这个「石」指的是什么。据本草记载：「用青石脂三斤、青粱米一斗，水浸三日，捣成丸，如李大，白汤送服一二丸，可不饥。」据此大致可推断出这个「石」指的是「石脂」。

虽然两种青精饭的制法都有据可循，但无论是独居山中或款待宾客，还是选用前法较为适宜。若是效法张良在紫柏山辟谷修道，则可选用后法。

每次吟诵杜甫的《赠李白》，诗文有：「岂无青精饭，令我颜色好。」又有：「李侯金闺彦，脱身事幽讨。」这样的诗句，令人不禁感叹，在那个年代，像杜甫、李白这样才学兼优的人，真可谓是爱君忧国的志士仁人。然而年富力强时，上天却没有降赐大展宏图的机会，以至于他们都萌生了食青精、瑶草，避世修仙的念头，真是可惜啊！

【南宋】李唐《摹范宽溪山独钓图》

碧涧羹

芹，楚葵也①，又名水英。有二种，荻芹取根，赤芹取叶与茎，俱可食。二月、三月，作羹时采之。洗净，入汤焯过，取出，以苦酒研芝麻②，入盐少许，与茴香渍之，可作葅③。惟瀹而羹之者④，既清而馨，犹碧涧然。故杜甫有「香芹碧涧羹⑤」之句。或者：芹，微草也，杜甫何取焉而诵咏之不暇？不思野人持此，犹欲以献于君者乎⑥！

【注释】①楚葵：水芹。

②苦酒：醋的别名。

③葅（zū）：同「菹」，酸菜，腌菜。

④瀹（yuè）：煮。

⑤「香芹」一句：出自杜甫的《陪郑广文游何将军山林》。「香」原文作「青」，据上海涵芬楼《说郛》丛书刻本改。

⑥「不思」两句：即指「献芹」的典故。《列子·杨朱》中有载，旧时有人以戎菽、甘枲茎、芹萍子等为美食，对乡人称扬。乡人取而尝之，蜇于口，惨于腹，众哂而怨之，其人大惭。后以「献芹」表示自谦礼物菲薄或见识浅陋。亦作「芹献」。

【译文】水芹，古名楚葵，又名水英。大致可分为荻芹和赤芹两种，其中荻芹取食根部，赤芹取食茎叶，二者皆为食材。每年二、三月间烹制羹汤，采水芹佐食，味道最佳。首先将水芹切寸段，洗净、焯水，捞出过凉，沥干水分，然后调入醋汁和事先研磨好的芝麻、少许盐、茴香腌渍，制成腌芹菜。或将水芹切碎煮羹，口感清爽，馨香怡人，犹如山涧碧绿的清泉。因此杜甫才有「香芹碧涧羹」的美妙诗句。有人也许会说：水芹，不过是一种无名的野菜，杜甫缘何写诗吟诵并大加赞美呢？说此话的人不知道，杜甫实则是想以乡人献芹的典故来表达他想将自己的才华贡献给国家的心愿！

苜蓿盘

开元中①，东宫官僚清淡。薛令之为左庶子②，以诗自悼曰：「朝日上团团，照见先生盘。盘中何所有？苜蓿长阑干。饭涩匙难滑，羹稀箸易宽。以此谋朝夕，何由保岁寒③？」上幸东宫，因题其旁，曰「若嫌松桂寒，任逐桑榆暖④」之句。令之惶恐归。

每诵此，未知为何物。偶同宋雪岩（伯仁）访郑埜（钥）⑤，见所种者。因得其种并法。其叶绿紫色而灰，长或丈余。采，用汤焯，油炒，姜、盐随意，作羹茹之⑥，皆为风味。

本不恶，令之何为厌苦如此？东宫官僚，当极一时之选，而唐世诸贤见于篇什⑦，皆为左迁。令之寄思恐不在此盘。宾僚之选，至起「食无鱼」之叹⑧，上之人乃飒以去。吁，薄矣！

【注释】①开元：唐玄宗年号（713年12月－741年12月）。

②薛令之（683–756）：字君珍，号明月。是以诗赋登第的第一位闽人。著有《明月先生集》《补阙集》等。

③「朝日」八句：出自薛令之的《自悼》。

④「若嫌」两句：出自唐玄宗的《续薛令之题壁》。

⑤宋雪岩：即宋伯仁，字器之，号雪岩。擅画梅花，著有《梅花喜神谱》。郑埜（yě）：原文作「郑埜野」，据上海涵芬楼《说郛》从书刻本改。

⑥茹：吃。

⑦篇什：原指《诗经》的《雅》《颂》以十篇为一什，后泛指诗篇。

⑧食无鱼：《战国策·齐策四》有载，齐人冯谖因家境贫寒，无法生存投靠孟尝君门下，仆从都瞧不起他，每日给他粗茶淡饭。一日，冯谖倚柱歌唱：「长剑与我回去吧，饭食中没有鱼。」后指待客不丰或不受重视、生活贫苦。「鱼」原文作「余」，据上海涵芬楼《说郛》从书刻本改。

【译文】唐开元年间，太子的幕僚们生活清淡。左庶子薛令之便以诗作抒发内心的哀伤，诗文道：「朝日上团团，照见先生盘。盘中何所有？苜蓿长阑干。饭涩匙难滑，羹稀箸易宽。以此谋朝夕，何由保岁寒？」恰巧唐玄宗临幸东宫，便在这首诗的旁边也题一诗，其中就有「若嫌松桂寒，任逐桑榆暖」的诗句。薛令之读后惶恐至极，辞官回家。

每次读这首诗，都不知道诗中提到的苜蓿究竟是何物。直到一次偶然的机会，与宋伯仁一同前去拜访郑埜，见到他种植的苜蓿。因而向他讨要了一些苜蓿种子并问明苜蓿的烹制方法。苜蓿的叶片呈绿紫色略带灰色，丈余长。采适量苜蓿，或汆烫或油

【南宋】李唐《万壑松风图》

炒，并根据个人口味佐以姜、盐调味，也可直接将苜蓿烹制成羹汤食用，每种吃法都是别有风味。

本来苜蓿吃起来口味不错，可是薛令之为何会如此厌烦并觉得苦楚呢？原来东宫所选任的幕僚都是当时出类拔萃的人才，然而据经史典籍记载，唐朝大部分有识之士最终都遭到贬谪。因此薛令之寄情于诗的真正用意是感叹自己怀才不遇，恐怕并不在这盘苜蓿菜。作为东宫幕僚，薛令之发出「食无鱼」的哀叹，竟遭到皇上的讥讽，致使他惶恐离去。吁，人情凉薄啊！

考亭蔊

考亭先生每饮后①，则以蔊菜供②。蔊，一出于盱江③，分于建阳；一生于严滩石上④。公所供，盖建阳种。集有《蔊》诗可考。山谷孙崿⑤，以沙卧蔊。食其苗，云：生临汀者尤佳⑥。

【注释】①考亭先生（1130–1200）：即朱熹，字元晦，号晦庵，晚号晦翁，南宋哲学家、教育家。朱熹晚年生活在建阳考亭（今福建省），故称考亭先生。

②蔊（hàn）：蔊菜，一年生草本植物，可入药，有祛痰止咳、利湿解毒之效。

③盱（xū）江：古称汝水，位于江西省第二大河抚河上游。

④严滩：即严陵濑。位于今浙江省桐庐县南。相传为东汉严光隐居垂钓处。

⑤山谷：即黄庭坚，字鲁直，号山谷道人。北宋著名书法家、诗人。著有《山谷词》

《豫章黄先生文集》等。

⑥汀（tīng）：水边平地，小洲。

【译文】考亭先生总是习惯在饮酒之后食用蕈菜。蕈菜，一部分产于盱江一带，后逐渐传入建阳；一部分则生长在严滩的礁石上。我猜测考亭先生所食用的蕈菜，应该是传入建阳的品种。考亭先生的文集中有一首题为《蕈》的诗作，可以考证这一点。山谷道人的孙子黄崿，曾尝试在沙地种植蕈菜。他食用了沙地种植的蕈菜嫩苗后说：生长在水边沙地上的蕈菜，味道尤其鲜美。

太守羹

梁蔡撙为吴兴守①，不饮郡井②。斋前自种白苋、紫茄，以为常饵③。世之醉醲饱鲜而怠于事者视此④，得无愧乎！然茄、苋性俱微冷，必加芼姜为佳耳⑤。

【注释】①蔡撙（467–523）：字景节，济阳郡考城县人，南梁官员。

②不饮郡井：不从当地获取食物，这里指在吃的方面不惊扰当地百姓，自给自足。

③饵：服食，吃。

④醲（nóng）：味道浓厚的酒。

⑤芼（máo）：可供食用的水草或野菜。

【译文】南梁大臣蔡撙在担任吴兴太守期间，为了不惊扰当地百姓的生活，饮食方面尽量自给自足。他在自己的书斋前种了一些白苋、紫茄之类的蔬菜，以供日常食用。世上那些酒醉饭饱、无所事事、消极懈怠之人，面对蔡撙的行事作风，不感到羞愧吗！然而紫茄和白苋，都是属性微寒的食材，食用时必须配合芼姜同食为佳。

冰壶珍

太宗问苏易简曰①：「食品称珍，何者为最？」对曰：「食无定味，适口者珍。臣心知齑汁美②。」太宗笑问其故。曰：「臣一夕酷寒，拥炉烧酒，痛饮大醉，拥以重衾。忽醒，渴甚，乘月中庭，见残雪中覆有齑盎③。不暇呼童，掬雪盥手，满饮数缶④。臣此时自谓：上界仙厨、鸾脯凤脂⑤，殆恐不及。屡欲作《冰壶先生传》记其事，未暇也。」太宗笑而然之。

后有问其方者，仆答曰⑥：「用清面菜汤浸以菜，止醉渴一味耳。或不然，请问之『冰壶先生』。」

【注释】①太宗（939—997）：即宋太宗赵光义，宋朝第二位皇帝。苏易简（958—997）：字太简，梓州铜山县人，北宋大臣。著有《文房四谱》《续翰林志》。

②齑（jī）：捣碎的姜、蒜、韭菜等，这里指酸菜。

③盎（àng）：古时腹大口小的盆。

④满饮：斟满而饮。缶（fǒu）：古时肚大口小的盛酒瓦器。

⑤鸾脯凤脂：鸾鸟和凤凰的肉干。借指珍奇的佳肴。

⑥仆：古时谦称「我」。

【译文】宋太宗问苏易简说：「在众多食物当中，哪一种食材堪称珍馐呢？」苏易简答道：「人的口味并没有固定的标准，只要是适合自己的，便可以称为珍馐。在微臣看来，腌菜汤的味道最是鲜美。」宋太宗笑着问苏易简原因。苏易简答道：「有天夜里天气很冷，微臣坐在火炉旁一边取暖一边喝烧酒，不知不觉喝得酩酊大醉，之后便裹着厚厚的棉被睡着了。半夜忽然醒来，觉得口渴难耐，于是微臣便借着月光来到中庭，看见了残雪覆盖下的腌菜缸。微臣顾不上喊仆从，掬一捧雪洗了洗手，之后满饮了数杯腌菜汤。微臣当时感觉：即使是天界御宴、鸾脯凤脂，恐怕也不如这杯腌菜汤味道鲜美。微臣几次想写一篇《冰壶先生传》记录此事，但总是没有时间。」宋太宗欣然微笑。

后来有人询问腌菜的制法，我答道：「将菜浸泡在清面菜汤中腌渍，其汤汁便是一道绝美的醒酒、解渴良方。若是有人质疑，可以去问问『冰壶先生』。」

蓝田玉

《汉·地理志》①：「蓝田出美玉②。」魏李预每羡古人餐玉之法③，乃往蓝田，果得美玉种七十枚，为屑服饵，而不戒酒色。偶病笃，谓妻子曰：「服玉，必屏居山林，排弃嗜欲，当大有神效。而吾酒色不绝，自致于死，非药过也。」

要之，长生之法，能清心戒欲，虽不服玉，亦可矣。今法：用瓠一二枚④，去皮毛，截作二寸方，烂蒸，以酱食之。不烦烧炼之功，但除一切烦恼妄想，久而自然神气清爽。较之前法，差胜矣。故名「法制蓝田玉」。

【注释】①《汉·地理志》：即《汉书·地理志》，班固所著。

②蓝田：今陕西省西安市辖县，相传蓝田山盛产美玉。

③李预：字元凯，中山卢奴人，北魏官员。

④瓠（hù）：瓠瓜，一年生草本植物。

【译文】据《汉书·地理志》记载：「蓝田出美玉。」北魏时期，官员李预时常羡慕古人食玉的修道成仙之法，于是便前往蓝田，果然获得七十多块美玉，李预将这些美玉碾成玉屑每日服用，但他却并不戒酒色。等到李预病危时，他对妻儿说：「食玉修仙，必须要隐居山林，摒弃嗜欲，这样才会有奇效。而我酒色不绝，最终将自己置于死地，这不是玉屑仙方的过错啊。」

总而言之，长生不老的根本是清心寡欲，若能戒除一切欲念，就算不食用玉屑，也能延年益寿。近代的养生仙方是：取一到两个瓠瓜去皮切块，每块大小约二寸见方，上锅蒸至烂熟，然后佐以酱料食之。虽然制法简便，不像炼丹那么费力，但修炼之人必须摒除一切烦恼妄想，久而久之，自然神清气爽。与之前的食玉方法相比，这个方法更胜一筹。故而得名「法制蓝田玉」。

豆粥

汉光武在芜蒌亭时①，得冯异奉豆粥②，至久且不忘报，况山居可无此乎？用沙瓶烂煮赤豆③，候粥少沸，投之同煮，既熟而食。东坡诗曰：「岂如江头千顷雪色芦，茅檐出没晨烟孤。地碓舂秔光似玉，沙瓶煮豆软如酥。我老此身无着处，卖书来问东家住。卧听鸡鸣粥熟时，蓬头曳履君家去④。」此豆粥之法也。若夫金谷之会⑤，徒咄嗟以夸客⑥，孰若山舍清谈徜徉，以候其熟也。

【注释】①汉光武：即指东汉开国皇帝，光武帝刘秀。

②冯异（？—34）：字公孙，东汉开国名将，云台二十八将之一。

③沙瓶：沙罐。

④「岂如」八句：出自苏轼的《豆粥》。秔（jīng），同「粳」。

⑤金谷：即金谷园，今河南省洛阳市西北。是西晋石崇为了与王恺斗富所建，园内的装饰金碧辉煌，宛如宫殿。

⑥咄嗟（duō jiē）：霎时，片刻。

【译文】东汉光武帝落难芜蒌亭时，曾品尝过冯异进献的豆粥，吃过之后，很长时间尚且念念不忘，更何况对于山居之人而言怎能没吃过豆粥呢？先用沙罐将红豆焖煮软烂，等到米粥微沸时，放入事先煮好的红豆同煮，熟烂后即可食用。苏东坡有诗云：「岂如江头千顷雪色芦，茅檐出没晨烟孤。地碓舂秔光似玉，沙瓶煮豆软如酥。我老此身无着处，卖书来问东家住。卧听鸡鸣粥熟时，蓬头曳履君家去。」诗中也提到了豆粥

【南宋】李唐《牧牛图》

的烹制方法。西晋石崇与王恺在金谷园聚会斗富时，只是为了哗众取宠因而须臾之间便端上豆粥向宾客炫耀，这怎能比得上山居之人清欢安闲地静待豆粥煮熟啊。

蟠桃饭

采山桃，用米泔煮熟①，漉置水中②。去核，候饭涌，同煮顷之，如盦饭法③。东坡用石曼卿海州事诗云④：「戏将核桃裹红泥，石间散掷如风雨。坐令空山作锦绣，绮天照海光无数⑤。」此种桃法也。「桃三李四」⑥，能依此法，越三年，皆可饭矣。

【注释】①米泔：淘米水。

②漉（lù）：过滤。

③盦（ān）：覆盖。这里指将饭焖熟。

④石曼卿（994—1014）：即石延年，字曼卿，一字安仁，南京应天府人，北宋文学家、书法家。著有《石曼卿诗集》。

⑤「戏将」四句：出自苏轼的《和蔡景繁海州石室》，原诗为：「戏将桃核裹黄泥，石间散掷如风雨。坐令空山出锦绣，倚天照海花无数。」

⑥桃三李四：谚语。栽桃树三年结果，栽李树四年结果。

【译文】采山桃数枚，先用淘米水将山桃煮熟，然后滤干水分，将煮熟的山桃置于清水中。去核，待米饭将熟时，把事先煮好的桃肉倒入米饭中同煮片刻，然后就像焖饭一样将它们焖熟。苏东坡引用石曼卿在海州种桃一事作诗道：「戏将桃核裹红泥，石间散掷如风雨。坐令空山作锦绣，绮天照海光无数。」诗中便提到了种桃的方法。俗话说「桃三李四」，如果按照这个方法种桃，三年后，就可以吃到蟠桃饭了。

寒具

晋桓玄喜陈书画①。客有食寒具不濯手而执书帙者②，偶污之。后不设。寒具，此必用油蜜者。《要术》并《食经》者③，只曰「环饼」，世疑「馓子」也，或巧夕「酥蜜食」也④。杜甫十月一日乃有「粔籹作人情⑤」之句，《广记》则载于寒食事中⑥。三者俱可疑。及考朱氏注《楚辞》「粔籹蜜饵，有餦餭些」⑦，谓「以米面煎熬作之，寒具也」。以是知《楚辞》一句，自是三品：粔籹乃蜜面之干者；十月开炉，饼也；蜜饵乃蜜面少润者，七夕蜜食也；餦餭乃寒食寒具，无可疑者。闽人会姻名「煎餔」，以糯粉和面，油煎，沃以糖⑧。食之不濯手，则能污物，且可留月余，宜禁烟用也。吾翁和靖先生《山中寒食》诗云⑨：「方塘波静杜蘅青，布谷提壶已足听。有客初尝寒具罢，据梧慵复散幽经⑩。」吾翁读天下书，和靖先生且服其和《琉璃堂图》事⑪。信乎，此为寒食具矣。

【注释】①桓玄（369—404）：字敬道，一名灵宝，谯国龙亢县人，东晋权臣，著有《桓玄集》。

②寒具：一种油炸面食，类似现今的馓子，以糯米和面搓成细绳，弯曲如环，油炸而成。

③《要术》：即《齐民要术》，是中国现存最早的最完整的一部农书，对中国历代农业发展和农业科学的进步有重大影响。作者贾思勰，山东益都人。《食经》：崔浩所著。

④巧夕：即七夕。农历七月七日之夜。

⑤「粔籹（jù nǚ）」一句：出自杜甫的《戏作俳谐体遣闷二首》。粔籹，古代一种食品。又称寒具、膏环。

⑥《广记》：即《太平广记》，是中国古代文言纪实的第一部小说总集。

⑦「及考」一句：朱熹曾为《楚辞》编撰注解，名为《楚辞集注》。文中诗句出自《楚辞·招魂》，据王逸所注：「粔籹，环饼也。餦餭（zhāng huáng），饧也。言以蜜和米面，熬煎作粔籹，捣黍作饵，又作美饧，众味甘美也。」

⑧沃：浇。

⑨和靖先生（967–1028）：即林逋（bū），字君复，钱塘人，北宋诗人。卒谥「和靖先生」。著有《和靖诗集》《西湖纪逸》等。

⑩「方塘」四句：原诗为：「方塘波绿杜蘅青，布谷提壶已足听。有客新尝寒具罢，据梧慵复散幽经。」

⑪《琉璃堂图》：即《琉璃堂人物图》，是南唐周文矩所绘的一幅绢本设色画，现珍藏于美国大都会艺术博物馆。画中描绘的是王昌龄与李白、高适等人聚会的情景，共有十一人。

【译文】东晋权臣桓玄酷爱赏玩书画。一天，一位宾客吃完寒具后，没洗手就直接拿起画作欣赏，不慎将其弄脏了。从此之后，桓玄再不用寒具招待宾朋。由此可以推断出，寒具，必定是用油和蜜混合制成的。《齐民要术》和《食经》中都只记载了「环饼」，世人猜测这个所谓的「环饼」应该就是今天的「馓子」，也有人说它是七夕节时所吃的「酥蜜食」。十月一日杜甫所作的「粔籹作人情」之句中，也提到类似寒具，而《太平广记》中却将寒具记载在寒食节的相关内容之中。依我看，这三种说法都有可疑之处。通过考证朱熹为《楚辞》所作的注释，其中就有「粔籹蜜饵，有餦餭些」的说法，认为「通过熬煮米面制成的吃食就是寒具」。由此可知《楚辞》的这句诗中，实则包含了三种食物：粔籹是以干粉调制而成的蜜面吃食；十月开炉制作的是环饼；蜜饵则是以微润的蜜面制成的吃食，也就是七夕节时所吃的酥蜜食；餦餭便是寒食节的寒具，这就毫无疑问了。也有福建人将寒具称为「煎餔」，制法相似，即用糯粉和面，油煎后表面淋一层糖浆。因此吃完「煎餔」不洗手的话，便很容易将其他东西弄脏，这种食物几乎可以存放一个多月，非常适合在禁止烟火的寒食节期间食用。先祖和靖先生曾在《山中寒食》中写道：「方塘波静杜蘅青，布谷提壶已足听。有客初尝寒具罢，据梧慵复散幽经。」先祖和靖先生不仅博览群书，而且也和《琉璃堂人物图》中所描绘的那样，常与友人聚坐唱和，把酒言欢。因此可以断定，寒具就是寒食节的吃食。

黄金鸡

李白诗云：「亭上十分绿醑酒，盘中一味黄金鸡①。」其法：燖鸡净②，用麻油、盐水煮，入葱、椒。候熟，擘钉③，以元汁别供④。或荐以酒⑤，则「白酒初熟、黄鸡正肥」之乐得矣。有如新法川炒等制，非山家不屑为，恐非真味也。每思茅容以鸡奉母⑥，而以蔬奉客，贤矣哉！本草云：「鸡，小毒，补，治满⑦。」

【注释】①「亭上」两句：并非李白所写，而是出自马存的《邀月亭》，「亭」原文作「堂」，「盘」原文作「杯」，据上海涵芬楼《说郛》丛书刻本改。

②𬊈（xún）：方言，用开水烫后去毛。

③擘（bò）：分开，剖裂。

④元汁：原汤，这里指煮鸡的水。

⑤荐以酒：这里指配酒食用。荐：进，进献。

⑥茅容：字季伟，陈留郡人，东汉名士。一天，郭林宗路过并借宿在茅容家，到了第二天早上，茅容杀鸡做菜，郭林宗以为是为他而做，但茅容却将鸡肉端给了母亲，而茅容和郭林宗同食蔬菜。郭林宗起身下拜说：「卿太贤德了！」于是劝茅容读书，终于茅容成就德业。

⑦小毒：中药学术语，指药物的气味、性能之猛烈程度最轻。满：疾病名，指郁闷，闷塞不畅的病症。

【译文】李白有诗云：「亭上十分绿醑酒，盘中一味黄金鸡。」黄金鸡的具体烹制方法是：先将鸡褪毛洗净，然后用麻油、盐水炖煮，同时锅中放入葱、椒。将煮熟后的鸡切块装盘，与鸡汤分开食用。有人将它当作下酒菜，便能真切体会到「白酒初熟、黄鸡正肥」的原始乐趣。如今，也有人采用新式烹饪方法，比如川式炒法等，然

【南宋】刘松年《四景山水图-春》

而山野人家一般不这么做，生怕其他烹饪方式抢夺了食材本来的味道。每当想到茅容以鸡肉敬奉母亲，而以果蔬招待宾客，就不禁敬佩他的贤德！本草中有载：「鸡，性平，具有滋补功效，可治疗瘀滞之症。」

槐叶淘

杜甫诗云：「青青高槐叶，采掇付中厨。新面来近市，汁滓宛相俱。入鼎资过熟，加餐愁欲无①。」即此见其法：于夏，采槐叶之高秀者，汤少瀹，研细滤清，和面作淘②，乃以醯、酱为熟齑③。簇细茵④，以盘行之，取其碧鲜可爱也。末句云：「君王纳凉晚，此味亦时须。」不唯见诗人一食未尝忘君，且知贵为君王，亦珍此山林之味。旨哉！诗乎！

【注释】①「青青」六句：出自杜甫的《槐叶冷淘》，与下文的两句诗同出一首。

②淘：以液汁拌和食品。

③醯（xī）：醋。齑：这里指卤汁。

④茵：铺垫的东西，这里指将面条放在底部作为铺垫。

【译文】杜甫有诗云：「青青高槐叶，采掇付中厨。新面来近市，汁滓宛相俱。入鼎资过熟，加餐愁欲无。」诗中描述了槐叶淘的烹制方法：进入夏季，将采摘回来的鲜嫩槐树叶在开水中快速氽烫，沥干水分，将叶片碾碎滤出清汁，然后用滤出的清汁和面，制成面条，再以醋、酱调制酱汁。将面条堆簇在容器底部，浇上事先调好的酱汁，装盘即成，面条看起来青翠鲜润、惹人喜爱。诗的最后一句写道：「君王纳凉晚，此味亦时须。」由此不难看出，诗人每品尝一道美食都念念不忘自己的君王，而且此句诗也从另一个角度反映出，即使贵为君王，也非常珍视这道山林美食。美味啊！妙趣啊！

地黄馎饦①

崔元亮《海上方》②：「治心痛，去虫积，取地黄大者，净洗捣汁，和面，作馎饦，食之，出虫尺许，即愈。」正元间③，通事舍人崔杭女作淘食之④，出虫，如蟆状，自是心患除矣。本草：「浮为天黄，半沉为人黄，惟沉底者佳。宜用清汁，入盐则不可食。或净洗细截，和米煮粥，良有益也。」

【注释】①地黄：中药名，多年生草本植物，有补血、强心等效用。馎饦（bó tuō）：古时一种水煮的面食，又称汤饼、汤面。

②崔元亮（768—833）：字晦叔，博陵郡安平县人，唐朝大臣。《海上方》：记载中医方剂的书籍。

③正元（785年正月－805年八月）：即贞元，是唐德宗李适的年号。

④通事舍人：官名。掌诏命及呈奏案章等事。

【译文】崔元亮在《海上方》中说：「治疗心痛，去除体内寄生虫，取大块地黄，洗净捣汁，用地黄汁和面制成馎饦，服用后可排出一尺多长的虫子，病即痊愈。」唐贞元年间，通事舍人崔杭的女儿依方取地黄汁和面煮服后，排出形如蛤蟆的寄生虫，从那之后心疾便根除了。本草有载：「泡在水中，能漂浮起来的是天黄，半沉浮的是人黄，只有沉底的是地黄，品相为最好。食用时最好选用地黄的清汁，但地黄汁如果加了盐便不可食用了。或者是将地黄洗净切碎，和米一起煮粥，同样具有良好的补益功效。」

梅花汤饼

泉之紫帽山有高人①，尝作此供。初浸白梅、檀香末水，和面作馄饨皮。每一叠用五分铁凿如梅花样者，凿取之。候煮熟，乃过于鸡清汁内。每客止二百余花。可想，一食亦不忘梅。后留玉堂元刚有如诗②：「恍如孤山下，飞玉浮西湖。」

【注释】①紫帽山：今在福建省泉州市西，山上常有紫云覆盖，山形似官帽。

②留玉堂元刚：即留元刚，字茂潜，晚年自号云麓子，泉州晋江人。著有《云麓集》。

【译文】据说泉州的紫帽山上有位高人，曾做过这道美食。具体做法是，先用浸泡过白梅、檀香末的水和面，擀成馄饨皮。然后将每一叠馄饨皮用五分梅花铁质模具压制成梅花状。等到梅花状的馄饨皮煮熟后，浸泡在鸡汤里即成。每份汤饼里大约有两百多朵梅花状的馄饨皮。可想而知，每次享用，都念念不忘梅花的清香。后来留玉堂元刚作诗形容梅花汤饼云：「恍如孤山下，飞玉浮西湖。」

【南宋】刘松年《荷亭消夏图》

椿根餛飩

劉禹錫煮樗根餛飩皮法立秋前後謂世多痢及腰痛取樗根一兩握擣篩和麵捻餛飩如皁莢子大清水煮空腹十枚並無禁忌山家晨有客至先供之十數不惟有益亦可少延早食椿實而香樗踈而臭惟椿根可也

玉糝根羹

東坡一夕與子由飲酣甚槌蘆菔爛煮不用它料只研白米為糝食之忽放著撫几曰若非天竺酥酡人間決無此味

百合麵

春秋仲月采根暴乾擣篩和麵作湯餅最益氣血又蒸熟可以佐酒歲時廣記二月種法宜鷄糞化書山蚯化爲百合乃宜鷄糞豈物類之相感也

栝樓粉

孫思邈法深掘大根厚削至白寸切水浸毎旦易之五日取出擣之以力貯以絹囊濾爲玉液候其乾矣可爲粉食雜以粳糜翻起雪色似乳酥酪食之補益又方取實酒炒爲引腸風血下可愈

素蒸鴨

鄭餘慶召親朋食，敕家人曰：「爛蒸去毛，勿拗折。」客意鵝鴨也。良久，各蒸壺蘆一枚耳。今岳倦翁珂《書食品付庖者》詩云：「動指不須占染鼎，去毛切莫拗蒸壺。」岳勳閥也，而知此味，異哉！

黃精果

仲春深采根，九蒸九暴，擣如飴，可作果食。又細切食，水二石五升，煮去苦味，漉入絹袋，壓汁澄之，再煎如膏。以黃米作餅，約二寸大，客至可供二枚。又采苗可為菜茹

隋羊公服法芝草之精也一名仙人餘糧其補益可知也

傍林鮮

夏初竹笋盛時掃葉就竹邊煨熟其味甚鮮名曰傍林鮮文與可守洋川正與家人煨笋午飯忽得東坡書詩云想見清貧饞太守渭川千畝在胷中不覺噴飯滿案想作此供也大凡笋貴甘鮮不當與肉為侶今俗庖多雜以肉不思纔有小人便壞君子對此君成大嚼也世間那有揚州鶴東坡之意微矣

凋菰飯

凋菰葉似蘆其米黑杜甫故有波翻菰米沉雲黑之句今胡穄是也暴乾礱洗造飯既香而滑杜甫又云滑憶凋菰飯又會稽人顧翺事母孝煮凋菰飯翺常自采擷家瀕大湖後湖中皆生凋菰無復餘草此孝感也世有厚于奉己薄于奉親者視此寧無愧乎嗚呼孟笋王魚豈偶然哉

錦帶羹

錦帶又名文官花條生如錦葉始生柔脆可羹杜甫故

有香聞錦帶羹之句或謂蓴之縈紆如帶況蓴與菰固生水濱昔張翰臨風必思蓴鱸以下氣按本草蓴鱸同羹可以下氣止嘔以是知張翰在當世意氣抑鬱隨事嘔逆故有此思耳非蓴魚而何杜甫臥病江閣恐同此意也謂錦帶為花或未必然僕居山時固有羹此花者其味亦不惡

煿金煮玉

筍取鮮嫩者以料物和薄麵拖油煿如黃金色甘脆可愛舊好莫友訪霍如菴延早供以筍切作方片和白米

煮粥佳甚因戲之曰此法製惜精氣也濟顛筍疏云拖油盤内煿黃金和米鐺中煮白玉二者兼得之矣霍北司貴公也乃甘山林之味異哉

土芝丹

芋名土芝大者裹以濕紙用煮酒和糟塗其外以糠皮火煨之候香熟取出安坳地内去皮温食冷則破血用鹽則洩精取其温補名土芝丹昔嬾殘師正煨此牛糞火中有召者卻之曰尚無情緒收寒涕那得功夫伴俗人又居山人詩云深夜一爐火渾家團欒坐芋頭時正

熟天子不如我其嗜好可知矣小者煨乾入瓮候寒月用稻草盦熟色香如栗名土栗雅宜山舍擁爐之夜供趙西安詩云煮芋雲山上蓋得于所見非苟作也

柳葉韭

杜詩夜雨剪春韭世多誤為剪之於畦不知剪字極有理蓋于煠時必齊其本如烹雞圓齊玉筯頭之意乃以左手執其末以其本入鹽湯内少剪其末棄其觸也只煠其本帶性投冷水中出之甚脆然必以竹刀截之又方采嫩柳葉少許同煠佳故曰柳葉韭

松黄餅

暇日過大理寺訪秋岩陳評事留飲出二童歌淵明歸去來辭以松黄餅供酒東方平羡有超俗之標飲此味使人灑然起山林之興覺駝峰熊掌皆不若矣春來松花黄和蜜模作餅狀不惟香味清亦有所益也

酥瓊葉

宿蒸餅薄切塗以蜜或以油就火上炙鋪紙地底上散火氣甚鬆脆且止痰化食楊誠齋云削成瓊葉片嚼作

雪花聲

元脩菜

東坡有巢故人元脩菜詩每讀豆英圓而小槐葉細而豐之句未嘗不寘摻畦壟間必求其是詩詢諸老圃而罕能道者一日永嘉鄭文千歸自蜀過梅首叩答之曰蚕豆也即是彎豆也蜀人謂之巢菜苗葉嫩時可采以為茹擇洗用真麻油熟炒乃下鹽醬煮之春盡苗葉老則不可食坡所謂點酒下鹽豉縷橙芼薑葱者正庖法也君子恥一物不知必游歷久遠而後見聞博讀東坡詩二十年一日得之喜可知矣

紫英菊

菊名治蘠本草名節花陶注云菊有二種莖紫氣香而味甘其葉乃可羹莖青而大氣似蒿而苦名苦薏非也今法春采苗葉洗焯用油略炒熟下薑鹽作羹可清心明目加枸杞尤妙矣天隨子兩杞未棘兩菊未莎其如何本草杞葉似榴而軟者能輕身益氣其子圓而有棘者名枸棘不可用杞菊微物也有少差猶不可用然則君子小人豈容不辨哉

銀絲供

張約齋性喜延山林湖海之士一日午時數杯後命左右作銀絲供具戒之曰調和教好又要有真味衆客謂必鱠也良久出琴一張請琴因歌詩騷一曲衆便知銀絲乃琴絃也又要有真味蓋取淵明琴書中有真味之意也張中貴勲家也而能知此真味賢矣哉

鳧茈粉

鳧茈粉可作粉食其甘滑異于它粉偶天台陳梅廬見惠因得其法鳧茈爾雅一名芍郭云生下田似龍鬚而細根如指頭而黑即葧薺也采以暴乾磨而澄濾之如

綠豆後讀劉止非類藁有詩云南山有蹲鴟春田多毘
豇何必泌之水可以樂我飢信乎可以食矣

簷蔔煎

舊訪劉漫塘宰留午酌出此供清芳極可愛詢之乃梔
子花也采大者以湯焯過少乾用甘草水和稀拖油煎
之名簷蔔煎杜詩云于身色有用與物氣相和既製之
清和之風備矣

蒿蔞菜羹

舊客江西林谷梅山房書院春時多食此菜嫩莖去葉

湯焯用油鹽苦酒沃之為茹或加以肉香脆良可愛後歸京春輙思之偶與李竹埜隣以其江西人因問之李云廣雅名蒿蔞生下田江西以羮魚陸疏云葉似艾白色可蒸為茹即漢廣言刈其蔞之蔞矣山谷詩云蔞蒿數筯玉簪横乃證以詩註果然李乃怡軒之子甞從江西西山問宏詞法多識草木宜矣

玉灌肺

真粉油餅芝麻松子胡桃蒔蘿六者為末拌和入甑蒸熟切作肺樣塊用棗計供今後苑名曰御愛玉灌肺要

之不過素供耳然以此見九重崇儉不嗜殺之意居山者豈宜後乎

進賢菜

蒼耳枲耳也江東名常枲幽州名爵耳形如鼠耳陸璣疏云葉青白色似胡荽白華細莖蔓生嫩采葉洗焯以薑鹽苦酒拌為茹可療風杜詩云蒼耳可療風童兒且時摘詩之卷耳首章云嗟我懷人寘彼周行酒醴婦人之職臣下勤勞君必勞之因采此而賦感念及酒醴之用此見古者后妃欲以進賢之道諷其上張氏進賢菜

詩曰閭閻誠難與國防黙嗟徒御困高岡毹罍欲解無窮恨菜耳元因備酒漿其子可雜米粉為糗故古詩有碧澗水淘蒼耳飯之句云

山海兜

春采筍蕨之嫩者以湯瀹之取魚蝦之鮮者同切作塊子用湯泡滾蒸入熟油醬研胡椒拌和以粉皮乘覆各合于二盞内蒸熟今後苑進此名蝦魚筍兜今名山海兜或名筍蕨羹亦佳許梅屋棐云趣得山家筍蕨春借廚烹煮自吹薪倩誰分我盃羹去寄與中朝食肉人

椿根馄饨

刘禹锡煮樗根馄饨皮法①：立秋前后，谓世多痢及腰痛。取樗根一大两握②，捣筛，和面，捻馄饨如皂荚子大③。清水煮，日空腹服十枚。并无禁忌。山家良有客至，先供之十数，不惟有益，亦可少延早食。椿实而香，樗疏而臭，惟椿根可也。

【注释】①刘禹锡（772–842）：字梦得，唐朝大臣、文学家、哲学家，有「诗豪」之称。著有《刘梦得文集》《刘宾客集》等。

②樗（chū）：植物名，即臭椿。两握：两拳。这里指两手相握的数量。

③捻（niē）：古同「捏」，用拇指和其他手指夹住。

【译文】刘禹锡关于煮樗根馄饨皮的做法：民间流传着一种说法，即立秋前后，人们多发痢疾和腰痛。取樗根一大捧，将其捣碎过筛后和面，捏成如皂荚子大小的馄饨。清水煮熟，每日空腹食用十枚。食用时没有其他禁忌。

山野之家常有宾朋到访，一进门，主人首先要煮十几个樗根馄饨来款待客人，这样做不仅有防疫之效，而且，即使正餐时间稍微推迟，客人也有所担待。香椿枝叶紧实且有香味，樗树枝叶稀疏而有臭味，所以最好改用椿根制作馄饨。

玉糁羹①

东坡一夕与子由饮②，酣甚，搥芦菔烂煮③，不用他料，只研白米为糁。食之，忽放箸抚几曰：「若非天竺酥酡④，人间决无此味。」

【注释】①玉糁（shēn）羹：苏轼被流放海南时，生活清苦，每日以山芋充饥。其子苏过用山芋制作玉糁羹，苏轼为此作诗《过子忽出新意以山芋作玉糁羹色香味皆奇绝天》：「香似龙涎仍酽白，味如牛乳更全清。莫将北海金齑鲙，轻比东坡玉糁羹。」与文中记述的用萝卜制作玉糁羹略有出入。

②子由：即苏轼的弟弟苏辙，字子由，唐宋八大家之一。著有《栾城集》。

③搥：同「捶」，敲打。芦菔（lú fú）：萝卜。

④酥酡：古印度酪制食品名。

【译文】一天夜里，苏东坡与弟弟子由一起饮酒，酒兴正酣时，苏东坡将萝卜捣碎并煮至熟烂，也不用添加其他调料，只将白米碾碎同煮为羹。兄弟二人食用后，苏东坡忽然放下筷子，手抚桌案说：「除了天竺的酥酡之外，人间再无如此美味了。」

百合面

春秋仲月①，采百合根，曝干，捣筛，和面作汤饼，最益血气。又，蒸熟可

【南宋】刘松年《四景山水图-夏》

以佐酒。《岁时广记》②：「二月种，法宜鸡粪。」《化书》③：「山蚯化为百合，乃宜鸡粪。」岂物类之相感耶？

【注释】①仲月：每季的第二个月，即农历二、五、八、十一月。

②《岁时广记》：南宋陈元靓所著，是一部涵盖南宋之前岁时节日的民间岁时记，共40卷。

③《化书》：五代谭峭所著。书中认为天地人物都在变化，人和动物可以变成石头花草，草木也会变为人和动物。万物可以由此变彼，彼此相通。

【译文】每逢春、秋仲月，采适量百合根，将其晾晒风干，捣碎过筛，和面制成汤饼，具有极强的补益气血的功效。又，蒸熟后可以作为下酒菜。《岁时广记》中有载：「二月栽种百合，施肥最宜用鸡粪。」据《化书》记载：「山蚯蚓转化为百合，因而施肥宜用鸡粪。」难道这就是不同物种之间的相互作用吗？

括蒌粉①

孙思邈法②：深掘大根，厚削至白，寸切，水浸，一日一易，五日取出。捣之以力，贮以绢囊，滤为玉液，候其干矣，可为粉食。杂粳为糜，翻匙雪色，加以奶酪，食之补益。又方：取实，酒炒微赤，肠风血下③，可以愈疾。

【注释】①括蒌（lóu）：又作栝楼，多年生草本植物，既可食用又可药用，有镇咳祛痰之效。

②孙思邈（581—682）：唐代医学家，后人尊称为「药王」。著有《备急千金要方》《千金翼方》《唐新本草》等。

③肠风血下：疾病名，以便血为主证的疾病。

【译文】孙思邈关于制作括蒌粉的方法：深挖出括蒌的大根，削去厚厚的表皮，直到露出白瓤，并将其切成一寸见方的块，用水浸泡，每天换一次水，五天后捞出。然后将括蒌根用力捣碎，装在绢囊中过滤，滤出的白色汁液经过沉淀，只保留下层的湿粉，等到湿粉中多余的水分挥发之后，便可用提炼出的括蒌干粉制作粉食。括蒌粉可与粳米混合制成糜粥，用汤匙搅动，糜粥呈现雪白色，在粥中加入奶酪，食用后具有补益之效。还有一种方法：取括蒌的果实适量，用酒炒至微微发红，服用后可治疗便血的病症。

素蒸鸭（又云卢怀谨事）

郑馀庆召亲朋食①，敕令家人曰：「烂煮去毛，勿拗折项。」客意鹅鸭也。良久，各蒸葫芦一枚耳。今，岳倦翁珂《书食品付庖者》诗云②：「动指不须占染鼎，去毛切莫拗蒸壶③。」岳，勋阀也，而知此味。异哉！

【注释】①郑馀庆（745—820）：字居业，谥号贞。郑州荥阳人，唐代宰相。

②岳倦翁珂（1183—1243）：即岳珂，字肃之，晚号倦翁，南宋文学家。岳飞之孙。著有《金佗粹编》《玉楮集》《桯史》等。

③「动指」两句：出自岳珂的《句》，全诗共14字，并非文中所载的《书食品付庖者》。

【译文】郑馀庆宴请亲朋好友时，命令家人说：「煮烂去毛，不要折断脖颈。」客人们以为他说的是鹅鸭之类。过了许久，家人端上桌的不过是每人一个蒸葫芦而已。如今，在岳珂的《书食品付庖者》中有载：「动指不须占染鼎，去毛切莫拗蒸壶。」可见，就连立下赫赫战功的岳氏家族，竟然也知晓这道素蒸鸭。真是令人诧异啊！

黄精果　饼茹①

仲春，深采根，九蒸九曝，捣如饴，可作果食。又，细切一石，水二石五升，煮去苦味，漉入绢袋压汁，澄之②，再煎如膏③。以炒黑豆、黄米，作饼约二寸大。客至，可供二枚。又，采苗，可为菜茹④。隋羊公服法⑤，芝草之精也，一名「仙人余粮」，其补益可知矣。

【注释】①黄精：中药名，多年生草本植物，以根茎入药，有补脾润肺之效。

②澄（dèng）：让液体里的杂质沉下去。

③煎：熬煮。

④菜茹：以蔬菜为主食。

⑤隋羊公服法：原文作「隨公羊」，据《神农本草经》：「案隋羊公服黄精法云：黄精一名白及亦为黄精别名。」改。

【译文】每年二月仲春时节，深挖出黄精的根茎，经过九蒸九晒的繁复工序后，将其捣成像糖浆一样黏稠的酱汁，这种糖浆状的酱汁可用来制作甜点蜜果。又，将一石黄精切细，用两石五升水同煮，煮去其中的苦味，再用绢袋过滤并压出汁液，将汁液静置沉淀后，熬煮成膏。然后在膏体中加入炒过的黑豆、黄米，制成两寸大小的饼。当家里来客人时，可呈上两个招待他。又，采黄精苗若干，烹制后食用，既可当饭又可当菜。隋羊公曾对黄精做批注说，黄精乃是芝草的精华，它还有一个名字叫「仙人余粮」，顾名思义，其补益功效也就可想而知了。

傍林鲜

夏初，林笋盛时，扫叶就竹边煨熟，其味甚鲜，名曰「傍林鲜」。文与可守临川①，正与家人煨笋午饭，忽得东坡书。诗云：「想见清贫馋太守，渭川千亩在胃中②。」不觉喷饭满案。想作此供也。大凡笋贵甘鲜，不当与肉为友。今俗庖多杂以肉，不才有小人，便坏君子。「若对此君成大嚼，世间那有扬州鹤③」，东

【南宋】刘松年《青绿山水图页》

坡之意微矣。

【注释】①文与可（1018–1079）：即文同，字与可，自号笑笑先生，人称石室先生，宋梓州永泰人。苏东坡的表兄。善诗文、书、画，以画竹及山水闻名。据下文诗句可知，当时的文同应任洋州（今在陕西省洋县）知州，并不是文中所载「守临川（今在江西省抚州市）」。

②「想见」两句：出自苏轼的《筼筜（yún dāng）谷》。原诗为：「料得清贫馋太守，渭滨千亩在胸中。」

③「若对」两句：出自苏轼的《於潜僧绿筠轩》，原诗为：「若对此君仍大嚼，世间那有扬州鹤。」

【译文】初夏时节，正是林中竹笋长势最旺的时候，扫一些落叶堆围在竹旁，就地点火，将竹笋煨熟，这种竹笋吃起来特别鲜美，因此取名「傍林鲜」。文同在临川任太守时，一天，他正和家人煨笋吃午饭，忽然接到苏轼的来信。信中有诗云：「想见清贫馋太守，渭川千亩在胃中。」诗文惹得文同发笑，忍不住将嘴里的饭菜喷得满桌都是。想来文同当时做的正是这道「傍林鲜」。凡是竹笋都是以甘甜鲜美为贵，不适合与肉同食。如今一般的厨师在烹饪时，大多是将竹笋与肉混烧，肉味喧宾夺主，就好比小人的存在有损君子的风雅一样。「若对此君成大嚼，世间那有扬州鹤」，苏轼的诗意实在是太精妙了。

雕胡饭①

雕菰，叶似芦，其米黑，杜甫故有「波翻菰米沉云黑②」之句。今胡穄是也③。曝干，砻洗④，造饭既香而滑。杜诗又云：「滑忆雕菰饭⑤。」又，会稽人顾翱⑥，事母孝。母嗜雕菰饭，翱常自采撷⑦。家濒太湖，后湖中皆生雕菰，无复余草，此孝感也。世有厚于己，薄于奉亲者，视此宁无愧乎？呜呼！孟笋王鱼⑧，岂有偶然哉！

【注释】①雕胡：也作雕菰（gū），即现在的茭白。

②「波翻」一句：出自杜甫的《秋兴八首·其七》，原诗为：「波漂菰米沉云黑」。

③胡穄（jì）：菰米的古称，菰之实，古以为六谷之一。

④砻（lóng）：去掉稻壳的农具，形状略像磨，多以木料制成。这里指用砻为稻谷脱壳。

⑤「滑忆」一句：出自杜甫的《江阁卧病走笔寄呈崔卢两侍御》，原诗为：「滑忆雕胡饭」。

⑥会稽：今浙江省绍兴市。顾翱：西汉孝子，会稽人。年幼丧父，事母至孝。

⑦采撷（xié）：摘取。

⑧孟笋王鱼：分别指二十四孝中的「孟宗哭竹」和「王祥卧冰」。

【译文】雕菰，叶子形似芦苇，所结的米是黑色，因此杜甫有「波翻菰米沉云黑」的诗句。现在人们常说的胡穄指的就是雕菰米。将雕菰米晒干脱壳，淘洗干净，煮出的米饭香滑适口。杜甫又有诗云：「滑忆雕菰饭。」又，会稽人顾翱，早年丧父，他特别孝敬母亲。因为母亲很爱吃雕菰饭，于是他经常采撷雕菰米，亲自为母亲烹煮。顾翱家紧临太湖，据说后来太湖中长满雕菰，杂草不生，这都要归功于顾翱感天动地的孝行。世上那些厚待自己，而对待至亲刻薄的人，面对顾翱的孝行难道不觉得惭愧吗？呜呼！孟宗哭竹，王祥卧冰，怎会是偶然现象呢！

锦带羹

锦带者①，又名文冠花也，条生如锦。叶始生柔脆，可羹。杜甫固有「香闻锦带羹②」之句。或谓莼之萦纡如带③，况莼与菰同生水滨。昔张翰临风④，必思莼鲈以下气。按本草：「莼鲈同羹，可以下气止呕。」以是，知张翰当时意气抑郁，随事呕逆，故有此思耳，非莼鲈而何？杜甫卧病江阁，恐同此意也。注谓锦带为花，或未必然。仆居山时，因见有羹此花者，其味亦不恶。注谓「吐绶鸡」，则远矣。

【注释】①锦带：即莼菜。又名凫葵。多年生水草。叶片椭圆形，浮水面。茎上和叶的背面有黏液。花暗红色，嫩叶可做汤菜。

②「香闻」一句：出自杜甫的《江阁卧病走笔寄呈崔卢两侍御》。

③萦纡：盘旋弯曲。

④张翰：字季鹰，吴郡吴县人，西晋文学家，留侯张良后裔。

【译文】锦带，又名文冠花，叶片上生有锦带状条纹。初生的嫩叶娇柔爽脆，可烹制汤羹。因而杜甫有「香闻锦带羹」的诗句。有人认为，莼菜像带子一样弯曲缠绕，况且莼菜与菰菜一样，都生长在水边，因此杜甫诗中的锦带羹很有可能说的就是莼菜鲈鱼羹。过去，西晋张翰每到秋风肃肃时，必定会想起和中理气的家乡至味——莼菜鲈鱼羹。据本草记载：「将莼菜、鲈鱼同煮成羹，可理气止呕。」由此可以推断出，张翰当时常常伴有肝气郁结，频繁呕逆的症状，所以才特别想吃这道菜，那么这个所谓的锦带羹如果说的不是莼菜羹鲈鱼羹，还能是什么？当时杜甫卧病于江阁，与张翰同病相怜，恐怕才最理解张翰的郁结之情吧。

锦带又名文冠花，显然将其视为花的说法不太对。山居时，我曾见过用文冠花烹制的羹汤，味道也还不错。然而认为锦带就是「吐绶鸡」的说法，实在是太离谱了。

煿金煮玉①

筍取鲜嫩者②，以料物和薄面，拖油煎，煿如黄金色，甘脆可爱。旧游莫干③，访霍如庵（正夫）④，延早供⑤。以笋切作方片，和白米煮粥，佳甚。因戏之曰：「此法制惜气也⑥。」济颠《筍疏》云⑦：「拖油盘内煿黄金，和米铛中煮白玉。」二者兼得之矣。霍北司，贵分也，乃甘山林之味，异哉！

【注释】①煿（bó）：煎炒或烤干食物。

②筍（sǔn）：同「笋」。竹的嫩芽。取：原文作「出」，据上海涵芬楼《说郛》从

书刻本改。

③莫干：即莫干山，位于今浙江省德清县。相传是干将、莫邪为吴王阖闾铸剑之地。山中气候凉爽，为避暑胜地。素有「清冷天下」之称。

④霍如庵：即霍正夫，宋代诗人，著有《大涤洞天留题》。

⑤延：邀请。

⑥惜气：古代养生法之一。用各种不同的方法来保护人体中的元气。这里引申为保留食材的本味。

⑦济颠：即济公，俗名李修缘，法号道济，号湖隐，南宋高僧，后人尊称为「济公活佛」。著有《镌峰语录》10卷。

【译文】取鲜嫩竹笋备用，先将调料加入适量面粉中调制成糊，放入鲜笋，将裹满面糊的鲜笋放入锅中油煎，煎至表皮金黄，甘甜松脆，惹人喜爱。从前我游览莫干山时，曾拜访过霍正夫，他邀请我共进早餐。当时的早饭是以笋切片，与白米粥同煮，吃起来非常鲜美。因而我调侃道：「这种加工方法最大限度地保留了竹笋的本味。」济公在《笋疏》中有云：「拖油盘内煿黄金，和米铛中煮白玉。」诗句将竹笋的两种制法都提到了。霍北司，身份尊贵，竟也喜好这山林之味，实在是令人诧异啊！

土芝丹

芋，名土芝。大者，裹以湿纸，用煮酒和糟涂其外，以糠皮火煨之。候香熟，取出，安地内，去皮温食。冷则破血①，用盐则泄精。取其温补，名「土芝丹」。

昔懒残师正煨此牛粪火中②。有召者，却之曰：「尚无情绪收寒涕，那得工夫伴俗人。」又，山人诗云：「深夜一炉火，浑家团栾坐。煨得芋头熟，天子不如我。」其嗜好可知矣。

小者，曝干入瓮，候寒月，用稻草盦熟③，色香如栗，名「土栗」。雅宜山舍拥炉之夜供。赵两山（汝涂）诗云：「煮芋云生钵，烧茅雪上眉。」盖得于所见，非苟作也。

【注释】①破血：中医术语，指某些药物的活血化瘀的效果比较猛烈，很容易损伤人体的真气。

②懒残师：即明瓒和尚，唐朝高僧。天宝年间，明瓒和尚来到南岳，在一家寺院当执役僧，因为他性情懒散，不贪口福，经常吃别人的残羹剩饭，而被称为「懒残」或「懒瓒」。

③盦（ān）：覆盖。

【译文】芋头，又名土芝。挑个儿头大的芋头，外面用湿纸包裹，再用酒调和酒糟涂在外层，然后用糠皮烧火煨烤芋头。等芋头散发出香味，就说明煨熟了，从火中取出，安放在地上，剥掉外皮趁热吃。若是吃了凉的煨芋头，则有损真气，加了盐则会导致精气外泄。只有趁热食用，才能起到温补的功效，因此得名「土芝丹」。

从前，懒残师正用牛粪火煨芋头。恰巧朝廷派使者来召请他进京，他一边拒绝一边说道：「我连擦鼻涕的时间都没有，哪有工夫陪伴俗人。」又，有位山居隐士作诗云：「深夜一炉火，浑家团栾坐。煨得芋头熟，天子不如我。」由诗文便可想象出他对于煨芋头的喜爱程度。

个儿头小的芋头，晒干后贮藏在瓮中，等到进入冬季，在小芋头上盖一层点燃的稻草，用文火将其焖熟，被焖熟的芋头无论色泽还是香气都和板栗一样，故得名「土栗」。特别适合夜晚围坐在山舍火炉旁享用。赵两山有诗云：「煮芋云生钵，烧茅雪上眉。」大概就是亲眼见过这种情景，并非胡编乱造。

柳叶韭

杜诗「夜雨剪春韭①」，世多误为剪之于畦②，不知剪字极有理。盖于炸时必先齐其本③，如烹薤「圆齐玉箸头」之意④。乃以左手持其末，以其本竖汤内，少剪其末。弃其触也。只炸其本，带性投冷水中⑤。取出之，甚脆。然必用竹刀截之。

韭菜嫩者，用姜丝、酱油、滴醋拌食，能利小水⑥，治淋闭⑦。

【注释】①「夜雨」一句：出自杜甫的《赠卫八处士》。

②畦（qí）：田园中分成的小区。

③炸：方言。焯。

④薤（xiè）：百合科，多年生草本，外形似韭菜，鳞茎可作蔬菜。又称藠头。「圆齐」一句：出自杜甫的《秋日阮隐居致薤三十束》。

⑤带性：这里指焯水至刚刚断生。

⑥小水：小便。

⑦淋闭：病症名。指小便滴沥涩痛和急满不通。

【译文】杜甫有「夜雨剪春韭」的诗句，很多人误以为句中的「剪」是指在菜地里剪韭菜，殊不知它另有深意。那就是在焯韭菜之前，必须先把韭菜的根部码齐，就像烹制薤菜前必须要「圆齐玉箸头」那样。应以左手握着韭菜叶梢，将其根部竖立在开水里，稍微剪去部分叶梢。丢掉不用。只将韭菜的根部焯水，微微断生便放入冷水中浸泡。过凉后捞出装盘，这样做出来的韭菜口感特别爽脆。但是切记，切韭菜必须要用竹刀。

将嫩韭菜用姜丝、酱油、少许醋拌匀食用，能通利小便，治疗淋闭之症。

松黄饼

暇日，过大理寺，访秋岩陈评事介①。留饮。出二童，歌渊明《归去来辞》②，以松黄饼供酒。陈角巾美髯③，有超俗之标。饮边味此，使人洒然起山林之兴，觉驼峰、熊掌皆下风矣④。

春末，采松花黄和炼熟蜜，匀作如古龙涎饼状。不惟香味清甘，亦能壮颜益志，延永纪筭⑤。

【注释】①评事：大理寺官职。

②渊明（365—427）：即陶渊明，名潜，字元亮。东晋文学家、诗人。著有《陶渊明集》。

③角巾：方巾，有棱角的头巾，古时为隐士所佩戴。美髯（rán）：又长又漂亮的胡须，常形容士人潇洒不俗。髯，特指两腮的胡子，后泛指胡子。

④驼峰、熊掌：指极为珍贵的食品。

⑤纪筭（suàn）：寿命。古时以十二年为一纪，一百天为一算。筭，同「算」。

【译文】某日闲暇，我途经大理寺，顺路去拜访秋岩陈评事。他留我共饮。席间，走出两个童子，吟唱陶渊明的《归去来兮辞》，同时端来松黄饼作为下酒菜。陈评事头戴角巾，美髯飘飘，具有超凡脱俗的气质。我们二人一边饮酒，一边品尝松黄饼，悠闲惬意，我瞬间对山野生活产生了浓厚的兴趣，顿时觉得诸如驼峰、熊掌之类的山珍海味都索然无味、暗淡无光了。

春末，采适量松花黄加入炼熟的蜂蜜中，搅拌均匀，制成形如龙涎饼的饼坯。这种饼不仅香味清甜，而且还能养颜益志，延年益寿。

【南宋】刘松年《四景山水图-秋》

酥琼叶

宿蒸饼，薄切，涂以蜜，或以油，就火上炙①。铺纸地上，散火气。甚松脆，且止痰化食。杨诚斋诗云②：「削成琼叶片，嚼作雪花声③。」形容尽善矣。

【注释】①炙（zhì）：烤。

②杨诚斋（1127—1206）：即杨万里，字廷秀，号诚斋，吉州吉水人，南宋文学家、官员。南宋中兴四大诗人之一。其文风自成一派，形成颇具影响的诚斋体。著有《竹枝词》《小池》《浯溪赋》等。

③「削成」两句：出自杨万里的《炙蒸饼》。

【译文】将隔夜的蒸饼切成薄片，均匀涂抹一层蜂蜜，或者涂上油脂用火烤制。同时在地上铺好纸张，将烤好的蒸饼摊置其上，待到火气消散后即可食用。这种饼吃起来口感十分松脆，而且具有止痰消食的功效。杨万里有诗云：「削成琼叶片，嚼作雪花声。」寥寥几个字竟将制作、品尝烤饼的情形描述得淋漓尽致。

元修菜

东坡有故人巢元修菜诗云①。每读「豆荚圆而小，槐芽细而丰」之句，未尝不实搜畦垄间，必求其是。时询诸老圃，亦罕能道者。一日，永嘉郑文干归自蜀②，过梅边。有叩之，答曰：「蚕豆，即弯豆也③。蜀人谓之『巢菜④』。苗叶嫩时，可采以为茹。择洗，用真麻油熟炒，乃下酱、盐煮之。春尽，苗叶老，则不可食。」坡所谓「点酒下盐豉，缕橙芼姜葱」者，正庖法也。

君子耻一物不知，必游历久远，而后见闻博。读坡诗二十年，一日得之，喜可知矣。

【注释】①巢元修（约1025－约1098）：即巢谷，字元修，北宋眉山人。他的故事主要见于苏辙的《巢谷传》。

②永嘉：地名，今浙江省温州市。

③弯：据下文此处应为「豌」，疑误。

④巢菜：野豌豆苗。在陆游的《剑南诗稿·巢菜序》中记载：「蜀蔬有两巢：大巢，豌豆之不实者；小巢，生稻畦中，东坡所赋元修菜是也。」

【译文】苏东坡曾为老友巢元修作过一首《元修菜》诗。每当读到「豆荚圆而小，槐芽细而丰」这句诗时，我就忍不住想亲自去田间地头察看一番，好弄明白诗中描写的到底是什么东西。当时，我曾多次向经验丰富的菜农打听，却没人能说得清楚。一天，永嘉县的郑文干自蜀地归来，从梅花树下经过。我上前请教，他答道：「诗中所讲的作物是蚕豆，也就是豌豆。蜀人称其为『巢菜』。鲜嫩的豆苗，可以直接采来当菜吃。先将它们择洗干净，然后用麻油炒熟，再放入适量的酱和盐同煮。到了晚春时节，豆苗长老了，就不好吃了。」苏东坡诗中所提到的「点酒下盐豉，缕橙芼姜葱」，说的就是元修菜的烹饪方法。

君子以孤陋寡闻为耻，所以必须要四处游历，而后才能增长见识。我拜读苏东坡的诗作已有二十年之久，直到郑文干指教后才搞清楚诗中指的是什么作物，喜悦之情可想而知。

紫英菊

菊，名治蘠，本草名节花。陶注云①：「菊有二种，茎紫，气香而味甘，其叶乃可羹；茎青而大，气似蒿而苦，若薏苡，非也。」今法：春采苗、叶，略炒，煮熟，下姜、盐，羹之，可清心明目。加枸杞叶，尤妙。

天随子《杞菊赋》云②：「尔杞未棘，尔菊未莎③，其如予何。」本草：「其杞叶似榴而软者，能轻身益气。其子圆而有刺者，名枸棘④，不可用。」杞菊，微物也，有少差，尤不可用。然则，君子小人，岂容不辨哉！

【注释】①陶：即指陶弘景（456—536），字通明，自号华阳隐居，谥贞白先生。南朝梁时丹阳秣陵人，著名的医药家、炼丹家、文学家。陶注，指的是陶弘景所著的《神农本草经集注》。

②天随子（？-约881）：即陆龟蒙，字鲁望，自号天随子、江湖散人、甫里先生，长洲人。唐朝诗人、农学家。著有《耒耜经》《四舍赋》《吴兴实录》等。

③「尔杞」两句：「尔杞未棘」原文作「尔菊未棘」，「尔菊未莎」原文作「乍菊未莎」，据上海涵芬楼《说郛》丛书刻本改。

④枸棘：灌木名，似枸杞。

【译文】菊花，又名治蘠，本草名为节花。陶弘景在《神农本草经集注》中有载：「菊有两种，一种长有紫茎，芳香而味甘，可用叶子制羹；一种长有青茎，花形较大，气味像蒿草且味苦，花似薏苡，不能食用。」如今关于菊花的做法是：春季采摘紫茎菊花苗、叶，上锅微炒，然后加水将其煮熟，汤中佐以适量姜、盐调味，服用此羹可清心明目。在羹汤中加入少许枸杞叶，则效果更佳。

天随子的《杞菊赋》中有云：「尔杞未棘，乍菊未莎，其如予何。」据本草记载：「枸杞的叶子貌似石榴叶，柔软无刺，食用后可轻身益气。而果实呈圆形且枝条带刺的，名为枸棘，则不可食用。」诸如枸杞、菊花这样微不足道的植物，不同品种间尚且存在细微的差别，食用时尤其要小心，有些也是不能吃的。既然如此，那么对于君子和小人而言，又岂能不辨其良莠呢！

银丝供

张约斋（镃）①，性喜延山林湖海之士。一日午酌，数杯后，命左右作银丝供，且戒之曰：「调和教好，又要有真味。」众客谓：「必脍也②。」良久，出琴一张，请琴师弹《离骚》一曲③。众始知「银丝」乃琴弦也；「调和教好」，调弦也；「又要有真味」，盖取陶潜「琴书中有真味④」之意也。张，中兴勋家也⑤，而能知此「真味」，贤矣哉！

【南宋】刘松年《四景山水图-冬》

【注释】①张约斋（1153–1221）：即张镃（zī），原字时可，后字功甫，号约斋。南宋文学家，出身显赫，著有《玉照堂词》一卷。

②脍（kuài）：细切的肉、鱼。

③《离骚》：楚辞篇名，为战国时屈原所著，是中国古代最长的抒情诗，对后代文学具有深远影响。

④「琴书」一句：出自苏轼《哨遍》：「噫！归去来兮。我今忘我兼忘世。亲戚无浪语，琴书中有真味。」苏轼根据陶渊明的《归去来兮辞》改编创作。陶渊明在《归去来兮辞》中有：「悦亲戚之情话，乐琴书以消忧。」

⑤中兴勋家：张镃的曾祖父张俊，帮助宋朝南渡，南宋初年名将，与岳飞、韩世忠、刘光世并称南宋「中兴四将」。故为中兴勋家。

【译文】张镃喜欢宴请五湖四海的仁人志士。一天，他与友人午间小酌，几杯酒过后，他命左右侍从去准备银丝供，并嘱咐说：「既要调和教好，还要保留它的原始韵味。」众宾客都以为：「肯定是鱼脍之类。」过了很久，侍从捧出一张琴，请琴师弹奏了一曲《离骚》。众人这才恍然大悟，原来「银丝」指的是琴弦；「调和教好」，指的是调准音阶；「又要有真味」，应该是要求彰显出陶渊明所说的「琴书中有真味」的意境。张镃，出身勋贵世家，是南宋中兴四将之一张俊的后裔，却能领略《离骚》的「原始韵味」，真可谓贤士啊！

凫茨粉

凫茨粉①，可作粉食，其滑甘异于他粉。偶天台陈梅庐见惠②，因得其法。凫茨，《尔雅》一名芍③。郭云④：「生下田，似曲龙而细，根如指头而黑。」即荸荠也。采以曝干，磨而澄滤之，如绿豆粉法。后读刘一止《非有类稿》⑤，有诗云：「南山有蹲鸱，春田多凫茨。何必泌之水，可以疗我饥。」信乎可以食矣。

【注释】①凫茨（fú cí）：荸荠（bí qi）的别名。多年生草本植物，长在水田中，它的球茎可作蔬菜，可代水果，也可制淀粉，作中药。

②天台：地名，今浙江省台州市。见惠：感谢他人对自己馈赠的谦辞。

③《尔雅》：儒家经典之一，是中国古代最早的词典，辞书之祖。收集了较为丰富的古代汉语词汇。

④郭：即指郭璞（276–324），字景纯。河东郡闻喜县人。两晋著名文学家、训诂学家、风水学者。郭璞擅长赋文，曾为《尔雅》《周易》《山海经》《楚辞》等古籍撰写注释。

⑤刘一止（1078–1161）：字行简，号太简居士，湖州归安人。著有《非有斋类稿》，后改名为《苕溪集》。

【译文】将凫茨提粉后可制成多种粉类美食，它的口感比其他粉食更加爽滑甘甜。一次偶然的机会，天台县的陈梅庐送了一些凫茨粉给我，因此了解到它的制法。

凫茨，在《尔雅》中又名芍。郭璞为其作注说：「生长在水田里，形似曲龙但是比较细，根如指头而颜色是黑色。」凫茨即荸荠。将凫茨的块根挖出晒干，研磨后过滤沉淀，得到凫茨粉，其烹饪方法和绿豆粉相似。后来阅读刘一止的《非有类稿》，书中有诗云：「南山有蹲鸱，春田多凫茨。何必泌之水，可以疗我饥。」可见，凫茨确实是可以食用的。

薝蔔煎（又名端木煎）①

旧访刘漫塘（宰）②，留午酌，出此供，清芳，极可爱。询之，乃栀子花也。采大者，以汤灼过，少干，用甘草水和稀面，拖油煎之，名「薝蔔煎」。杜诗云：「于身色有用，与道气相和③。」今既制之，清和之风备矣。

【注释】①薝蔔（zhān bǔ）：佛经中记载的一种花，一说是郁金花。一说是栀子花。

②刘漫塘（1167–1240）：即刘宰，字平国，号漫塘病叟，镇江金坛人。著有《漫塘文集》等。

③「于身」两句：出自杜甫的《江头四咏·栀子》，原诗为：「于身色有用，与道气伤和。」

【译文】我曾经拜访刘宰时，他留我吃午饭并一起小酌几杯，当时就做过这道薝

【南宋】马远《倚松图册》

蔔煎，这道美食散发出清雅的香味，惹人喜爱。我向他打听这是用什么食材做的，他说是栀子花。挑选大朵的栀子花，焯水，稍稍沥干水分，然后用甘草水调和面糊，将栀子花裹上面糊，油煎，故取名「簷蔔煎」。杜甫有诗云：「于身色有用，与道气相和。」今天制作这道菜，清新和顺之风俱足。

蔏蒌菜　蒿鱼羹①

旧客江西林山房书院，春时，多食此菜。嫩茎去叶，汤灼，用油、盐、苦酒沃之为茹。或加以肉臊，香脆，良可爱。

后归京师，春辄思之。偶遇李竹野制机伯恭邻，以其江西人，因问之。李云：「《广雅》名蒌②，生下田，江西用以羹鱼。陆《疏》云③：叶似艾，白色，可蒸为茹。即《汉广》『言刈其蒌』之『蒌』④。」山谷诗云：「蒌蒿数筋玉簪横⑤。」及证以诗注，果然。李乃怡轩之子，尝从西山问宏词法⑥，多识草木，宜矣。

【注释】①蔏蒌：植物名。一种可食的蒿类。「蔏」原文作「蓠」，据上海涵芬楼《说郛》从书刻本改。

②《广雅》：相当于《尔雅》的续编，是仿照《尔雅》编纂的一部训诂学汇编。

③陆《疏》：指的是陆玑所著的《毛诗草木鸟兽虫鱼疏》。陆玑，字元恪，吴郡人。三国学者。《毛诗草木鸟兽虫鱼疏》是一部专门针对《诗经》中提到的动植物进行注解的

著作。

④《汉广》：《诗经》中的一首诗。

⑤「蒌蒿」一句：出自黄庭坚的《过土山寨》。

⑥西山：即虞璠，曾隐居于宁国县西山，修建草堂读书，故号西山处士。宏词：科举考试的科目之一。

【译文】从前我客居江西林山房书院时，每到春季，常吃蒿蒌菜。取蒿蒌的嫩茎去掉叶子，先用开水烫煮，然后捞出沥干水分，再佐以油、盐、醋等调料将焯好的嫩茎调味，即成美味菜肴。或加入少许肉臊，口感香脆，着实惹人喜爱。

后来我返回京城，一到春季还是会想起这道菜。偶然遇到李竹野，并和他做了邻居，因为他是江西人，因此向他打听这道菜。李竹野说：「《广雅》中名蒌，适宜生长在水田里，江西人用它来烹制鱼羹。陆玑的《诗疏》中有载：其叶似艾叶，白色，可蒸制成肴。它也正是《诗经·汉广》『言刈其蒌』中所指的『蒌』。」山谷道人有诗云：「蒌蒿数筋玉簪横。」通过考证诗句和注解，果然和李竹野说的一样。李竹野是李怡轩之子，曾师从西山处士学习「宏词」科目，因此大部分草木他都能分辨出来，也不奇怪。

玉灌肺

真粉①、油饼、芝麻、松子、核桃去皮，加莳萝少许②，白糖、红曲少许，为末，拌和，入甑蒸熟③。切作肺样块子，用辣汁供。今后苑名曰④「御爱玉灌肺」，要之，不过一素供耳。然，以此见九重崇俭不嗜杀之意⑤，居山者岂宜侈乎？

【注释】①真粉：绿豆的种子经过水磨加工而得的淀粉。

②莳（shí）萝：伞形科草本植物，叶子和种子具有香味，可以用来调味，也可入药。

③甑（zèng）：古时蒸饭的一种瓦器。底部有许多孔格，置于鬲上蒸煮，如同现代的蒸锅。

④后苑：屋后的花园，这里指后宫以及后宫中一切职务和事物。

⑤九重：指帝王。

【译文】适量真粉、油饼、芝麻、松子、核桃去皮，加入少许莳萝、白糖和红曲，将所有的食材混合在一起，研磨成粉，搅拌均匀，放入蒸锅中蒸熟。然后切成肺样方块，蘸以辣汁同食。如今宫中将这道菜称为「御爱玉灌肺」，总而言之，这道菜并非动物内脏制成，只是一道素食点心罢了。然而，从中可见天子崇尚节俭、不喜杀生之意，散居山野之人又怎能贪图奢侈享乐呢？

进贤菜 苍耳饭

苍耳，枲耳也①。江东名上枲②，幽州名爵耳③，形如鼠耳。陆玑《疏》云：「叶青白色，似胡荽④，白花细茎，蔓生。采嫩叶洗焯，以姜、盐、苦酒拌为茹，可疗风。」杜诗云：「苍耳况疗风，童儿且时摘⑤。」《诗》之《卷耳》首章云：「嗟我怀人，寘彼周行⑥。」酒醴⑦，妇人之职，臣下勤劳，君必劳之。因采此而有所感念，及酒醴之用，以此见古者后妃，欲以进贤之道讽其君，因名「进贤菜」。张氏诗曰⑧：「闺阃诚难与国防，默嗟徒御困高冈。觥罍欲解痛瘏恨，充耳元因避酒浆⑨。」其子，可杂米粉为糗⑩，故古诗有「碧涧水淘苍耳饭⑪」之句云。

【注释】①枲（xǐ）耳：即苍耳，又称卷耳。

②江东：古时指长江下游芜湖、南京以下的南岸地区，后泛指长江下游地区。

③幽州：今北京、河北一带。

④胡荽（suī）：即香菜，又称芫荽。

⑤「苍耳」两句：出自杜甫的《驱竖子摘苍耳》，原诗为：「卷耳况疗风，童儿且时摘。」

⑥寘（zhì）：同「置」。

⑦酒醴（lǐ）：酒和醴，泛指各种酒。醴，甜酒。

⑧张氏：即张载（1020–1077），字子厚，北宋思想家、教育家、理学创始人之一，与周敦颐、邵雍、程颐、程颢合称「北宋五子」。后来因迁居至横渠镇（今在陕西省眉县

横渠镇）并在此讲学，世人称其为「横渠先生」，著有《正蒙》《横渠易说》等。

⑨「闺阃（kǔn）」四句：出自张载的《卷耳解》。原诗为：「闺阃诚难与国防，默嗟徒御困高冈。觥（gōng）罍（léi）欲解痡瘏（pū tú）恨，采耳元因备酒浆。」觥罍，均为古代酒器。

⑩糗（qiǔ）：干粮，炒熟的米或面等。

【译文】苍耳，即枲耳。江东一带称其为上枲，幽州地区称为爵耳，苍耳外形酷似鼠耳。陆玑在《诗疏》中有载：「其叶呈青白色，形似香菜，白花细茎，蔓生。取鲜嫩枝叶洗净焯水，用姜、盐、醋调和入味，即成菜肴，可治疗风疾。」杜甫有诗云：「苍耳况疗风，童儿且时摘。」《诗经·卷耳》首章有载：「嗟我怀人，寘彼周行。」酿造美酒是妇人之职，臣下恪尽职守，作君王的必当犒劳他们。因妇人们在采摘苍耳时受到启发，用它来搭配美酒，古代后妃也想借它来劝勉君王要招贤纳士，便通过菜肴来传递心思，因此这道菜名为「进贤菜」。张载有诗云：「闺阃诚难与国防，默嗟徒御困高冈。觥罍欲解痡瘏恨，充耳元因避酒浆。」苍耳的果实，可混合米粉制成干粮，因此也才有了「碧涧水淘苍耳饭」这样的诗句。

山海兜

春采笋、蕨之嫩者，以汤瀹过。取鱼虾之鲜者，同切作块子。用汤泡，暴蒸熟，入酱、油、盐，研胡椒，同绿豆粉皮拌匀，加滴醋。今后苑多进此，名「虾鱼笋蕨兜」。今以所出不同，而得同于俎豆间①，亦一良遇也，名「山海兜」。或只羹以笋、蕨，亦佳。许梅屋棐诗云②：「趂得山家笋蕨春，借厨烹煮自吹薪。倩谁分我杯羹去，竒与中朝食肉人③。」

【注释】①俎（zǔ）豆：俎和豆，古时祭祀、宴会时盛肉类等食物的两种器皿，这里指盛食物的器皿。

②许梅屋棐（fěi）：即许棐，字忱夫，一字枕父，号梅屋。著有《梅屋诗稿》《梅屋三藁》《梅屋四藁》等。

③「趂得」四句：出自许棐的《山间》，原诗为：「趁得山间笋蕨春，借厨烹煮自吹薪。倩谁分我杯羹去，寄与中朝食肉人。」趂，同「趁」。竒，同「奇」。

【译文】春季采摘鲜嫩的竹笋、蕨菜，开水煮熟。再取新鲜的鱼虾，切成大小相同的块。先用开水浸泡，然后大火蒸熟，调入酱、油、盐，再将胡椒研磨成粉，同绿豆粉皮拌匀，加少许醋。现在就连宫中也经常食用这道美食，名为「虾鱼笋蕨兜」。如今，因各种食材产地不同，却同在一锅中烹制，也可称得上是绝妙的邂逅，因此又名「山海兜」。有人只用新鲜竹笋、蕨菜制作羹汤，味道也十分鲜美。许棐有诗云：「趂得山家笋蕨春，借厨烹煮自吹薪。倩谁分我杯羹去，寄与中朝食肉人。」

【南宋】马远《踏歌图》

【南宋】马远《雪屐观梅图》

撥霞供

向游武夷六曲訪止止師偶雪天得一兎無庖人可製師云山間只用薄披酒漿椒料沃之風爐安在上用少半銚候湯響一盃後各分以筯令自筴入湯擺熟啖之乃隨宜客以汁供用其法不獨易行且有團圞煖熱之樂越五六年來京師乃復于楊泳齋伯嵓席上見此恍然去武夷如隔一世楊勳家嗜古學而安清苦者知山林之趣因詩之浪湧晴江雪風翻晚照霞末云醉憶山中味渾忘是貴家

驪塘羹

曩客驪塘書院每食後必出菜湯青白極可愛飯後得之醍醐甘露未易及此詢庖者正用菜與萊菔細切以井水煮之爛為度初無它法後讀坡詩亦只用蔓菁萊菔而已詩云誰知南嶽老解作東坡羹中有蘆服根尚含曉露清勿語貴公子從渠厭羶腥以此可想二公之好尚矣今江西多此法

真湯餅

瓜圃翁訪凝遠居士話間命僕作真湯餅來翁訝天下

安有假湯餅及見乃沸湯泡油餅人一杯耳翁曰如此
則湯泡飯亦得名真泡飯乎居士曰稼穡作甘無勝食
氣則真矣

流瀣漿

雪夜張一齋飲客酒酣簿書何君時峯出流瀣漿一瓢
與客分飲不覺酒容爲之灑然問其法謂得之禁苑上
用甘蔗蘆服各切作方塊以水爛煮即已蓋蔗能化酒
蘆服能化食也酒後得其益可知矣楚詞有蔗漿恐即
此也

神仙富貴餅

煮木菖蒲暴爲末每一斤用蒸山藥末三斤煉蜜水調入麵作餅暴乾候客至蒸食作條亦可羮章簡公詩云

木薦神仙餅菖蒲富貴花

香圓杯

謝益齋奕禮不嗜酒嘗自不飲但能看客之醉一日晝餘琴罷命左右剖香圓二杯刻以花温上所賜酒以勸客清芬靄然使人覺金樽玉斝皆埃壒矣香圓似瓜而黄閩南一葉而得備金華鼎貴之清供有謂矣

蟹釀橙

橙大者截頂去穰留少液以蟹膏納其內仍以帶枝頂覆之入甑用酒醋水蒸熟加苦酒入鹽供既香而鮮使人有新酒菊花香橙螃蟹之興因記危巽齋積贊蟹云黃中通理美在其中暢于四肢美之至也此本諸易而與蟹得之矣今于橙蟹又得之矣

蓮房魚包

蓮花中嫩房去截底剜穰留其孔以酒漿香料和魚塊實其內仍以底坐甑內蒸熟或中外塗以蜜出楪用漁

父三鮮供之向在李春坊席上曾受此供得詩云錦鱗
金房織幾重遊魚何事得相容湧身既入花房去好似
華池獨化龍李大喜送端硯一枚龍墨五笏

玉帶羹

春坊趙湖壁弟竹潭雍亦在焉論詩把酒及夜無可供
者湖曰吾有鏡湖之蒓潭曰雍有稽山之筍僕笑可有
一桮羹矣乃命庖作玉帶羹以筍似玉蒓似帶也是夜
甚適今猶喜其清高而愛客也每讀忠簡公躍馬食肉
付公等浮家汎宅真吾徒之句有此兒孫宜矣

酒煮菜

鄱江士友命飯供以酒煮菜非菜也乃純以酒煮菜鯽魚也且云鯽稷所化以酒煮之甚有益第以魚名菜竊疑之及觀趙好古賓退録所載靖州風俗鮮食肉唯以魚作蔬俗謂之魚菜杜陵白小詩亦云細微霑水族風俗當園蔬始信魚即菜也趙好古博雅君子也宜乎先得其詳矣

蜜漬梅花

楊誠齋詩云甕澄雪水釀春寒蜜點梅花帶露餐句裏

罨無烟火氣更教獨上少陵壇剝白梅肉少許浸雪水梅花温釀之露一宿取去蜜漬之可薦酒較之敲雪煎茶風味不殊也

蟹蝥供

蟹生于江者黄而腥生于湖者紺而馨生於漢者蒼而清越淮多越掠故或枵而不盈有錢君謙齋震祖惟硯存復歸于吳門秋偶過之把酒論文猶不減乎昨之勤也留旬餘每旦視蟹必取其圓京以酒醋雜以葱芹仰之以臍少俟其凝人各舉一痛飲大嚼何異乎拍浮于

湖之濱庸庖俗飣非口不知味恐失此物風韻但以橙醋自足以發揮其所藴也且曰圓臍膏尖臍螯秋風高圓者豪請與手不必刀羹以蒿尤可饕因舉山谷詩云一腹金相玉質兩螯明月秋江真所謂詩中之驗舉以手不以刀尤見錢君之豪也或曰海腥腥惡朝露糞筐嗅以醋雖千黑無聆誤因筆之爲蟹助

湯綻梅

十月後用竹刀取欲開梅蕋上醮以蠟投尊缶中夏月以熱湯就盞泡之花即綻香可愛也

通神餅

薑薄切蔥細切各以和稀麵宜以少國老細末和入麵庶不惡入淺油煠能已寒朱氏論語註云薑通神明故名也

金飯

危巽齋梅以白爲正菊以黃爲正過此恐淵明和靖二公不取也今世有七十二種菊正如本草所謂今無真牡丹紫莖黃色菊英以甘草湯和硝少許焯過候粟飯少熟同煮久食可以明目延齡苟得南陽甘谷水煮之

尤佳也昔之愛菊者莫如楚屈平晉陶潛今有劉石澗元茂馬雖一行一坐未嘗不在于菊繙帙得菊葉詩云何年霜後黄花葉色蠹猶存舊卷詩曾是往來籬下讀一枝閑弄被風吹觀此詩不惟知其愛菊其為人清芬可知矣

石子羹

溪流清處取小石子或帶蘚者一二十枚汲泉煮之隱然有羹之氣此法得之莫季高且曰固非通宵煮食之物然其意則清矣

梅粥

梅落英净洗用雪水煮候白粥熟同煮杨诚斋诗云才看腊後得春饒愁見風前作雪飄脱蕊收將熬粥吃落英仍好當香燒

山家三脆

嫩筍小蕈枸杞菜油炒作羹加胡椒尤佳趙竹溪密夫酷嗜此或作湯餅以奉親名三脆麵嘗有詩云筍蕈初萌杞藥纖然松自煮供親嚴閑人食肉何曾鄙自是山林滋味甜蕈亦名菰

拨霞供

向游武夷六曲①，访止止师。遇雪天，得一兔，无庖人可制。师云：「山间只用薄批②，酒、酱、椒料沃之，以风炉安座上，用水少半铫③，候汤响，一杯后④，各分以箸，令自夹入汤摆熟，啖之。乃随意，各以汁供。」因用其法，不独易行，且有团栾热暖之乐⑤。

越五六年，来京师，乃复于杨泳斋伯喦席上见此⑥。恍然去武夷，如隔一世。杨，勋家，嗜古学而清苦者，宜此山林之趣。因诗之：「浪涌晴江雪，风翻晚照霞。」末云：「醉忆山中味，都忘贵客来。」猪、羊皆可。本草云：兔肉补中益气。不可同鸡食。

【注释】①向：从前，以往。

②批：横面薄削。

③铫（diào）：煎药或烧水用的器具，用沙土或金属制成。

④一杯后：一杯酒之后，这里指在水滚开之后，再等一杯酒的时间。

⑤团栾：团聚。

⑥杨泳斋伯喦：即杨伯岩，字彦思，号泳斋。著有《六帖补》《九经补韵》等。喦，同「岩」，原文作「嵒」，据上海涵芬楼《说郛》丛书刻本改。

【译文】从前，我在武夷山六曲游览时，曾拜访过止止师。当时正赶上雪天，我们捉到一只野兔，只可惜没有厨师来烹制。止止师说：「山里的吃法，只需将兔肉预先片成薄片，用酒、酱、椒料腌渍入味，将风炉置于桌上，放入少半锅水烧开，等水持续沸腾一会儿之后，每人各自拿着筷子，夹着肉片在锅里来回摆动涮煮，肉片煮熟后即可食用。同时，可根据个人口味偏好，蘸食不同酱汁。」于是我按止止师所言如法炮制，果然，不仅吃法简单易行，而且还极具欢愉热烈的气氛。

过了五六年，我回到京师，在杨伯岩的宴席上再次见到同样的吃法。恍惚间又回忆起游览武夷山时的情景，只是一切已犹如隔世。杨伯岩出身世家，嗜好古学、崇尚节俭，对于质朴、天然的山林之趣也是津津乐道。于是我吟诗一首：「浪涌晴江雪，风翻晚照霞。」结尾是：「醉忆山中味，都忘贵客来。」类似猪肉、羊肉都可以按照这个方法来享用。本草中有载：「兔肉补中益气。不可与鸡肉同食。」

骊塘羹

曩客于骊塘书院①，每食后，必出菜汤，清白极可爱。饭后得之，醍醐甘露未易及此②。询庖者，只用菜与芦菔，细切，以井水煮之烂为度。初无他法。后读东坡诗，亦只用蔓菁、莱菔而已③。诗云：「谁知南岳老，解作东坡羹。中有萝菔根，尚含晓露清。勿语贵公子，从渠嗜膻腥④。」从此可想二公之嗜好矣。今江西多用此法者。

【注释】①曩（nǎng）：以往，从前。

②醍醐（tí hú）：酥酪上凝聚的油。

【南宋】马远《梅石溪凫图》

③莱菔：萝卜。「莱」原文作「菜」，据上海涵芬楼《说郛》丛书刻本改。

④「谁知」六句：出自苏轼的《狄韶州煮蔓菁芦菔羹》。原诗为：「谁知南岳老，解作东坡羹。中有芦菔根，尚含晓露清。勿语贵公子，从渠醉膻腥。」萝菔，萝卜。

【译文】从前，我客居骊塘书院时，每餐后，必定会有一道汤菜，那汤色泽清白，惹人喜爱。饭后享用，即使是醍醐、甘露也比不上它的鲜甜。我向厨师打听具体的制法，据说只是将蔬菜与萝卜，切成细丝，再用井水将其煮烂罢了。再无须其他。后来读苏东坡的诗，诗中描述，同样只是用蔓菁、萝卜同煮而已。苏东坡有诗云：「谁知南岳老，解作东坡羹。中有萝菔根，尚含晓露清。勿语贵公子，从渠嗜膻腥。」由此可知这两位的嗜好很相似。如今江西一带大多仍然沿用这种吃法。

真汤饼

翁瓜圃访凝远居士①，话间，命仆：「作真汤饼来。」翁曰：「天下安有『假汤饼』？」及见，乃沸汤泡油饼，一人一杯耳。翁曰：「如此，则汤泡饭，亦得名『真泡饭』乎？」居士曰：「稼穑作②，苟无胜食气者③，则真矣。」

【注释】①翁瓜圃：即翁定，字应叟，别字安然，号瓜圃。著有《瓜圃集》。

②稼穑（sè）：春耕与秋收。这里指粮食。

③胜食气：《论语·乡党》中有载：「肉虽多，不使胜食气。」意思是肉类虽然多，

但不要超过主食。这里代指肉类。

【译文】翁定拜访凝远居士，谈话间，凝远居士命令仆人说：「端两份真汤饼来。」翁定问：「难道天下还有『假汤饼』吗？」等仆人端上来一瞧，才知道原来是开水泡油饼，一人一碗。翁定说：「如此说来，那汤泡饭也可以称为『真泡饭』了吧？」凝远居士答道：「凡是由粮食制成的食物，只要不加肉，便都算得上是真味。」

沆瀣浆

雪夜，张一斋饮客。酒酣，簿书何君时峰出沆瀣浆一瓢①，与客分饮。不觉，酒客为之洒然。客问其法，谓得于禁苑②，止用甘蔗、白萝菔，各切作方块，以水煮烂而已。盖蔗能化酒，萝菔能化食也。酒后得此，其益可知矣。《楚辞》有「蔗浆」，恐即此也。

【注释】①簿（bù）书：官署中的文书簿册，这里指主管文书簿册的官员。沆瀣（hàng xiè）浆：清露，一种清凉饮料。

②禁苑：宫廷。

【译文】某个雪夜，张一斋宴请宾客。酒兴正酣时，簿书何时峰端上一瓢沆瀣浆，与众宾客分饮。不知不觉间，醉酒的宾客顿时酒醒。大家纷纷询问沆瀣浆的做法，何时峰说它起源于宫廷，不过是用甘蔗、白萝卜，分别切块，再用水煮烂而已。这是因为甘蔗可以解酒，萝卜可以消食。醉酒后饮用，它的功效便可想而知了。《楚辞》中所载的「蔗浆」，大概说的就是这种沆瀣浆。

神仙富贵饼

白术用切片子①，同石菖蒲煮一沸②，曝干为末，各四两，干山药为末三斤，白面三斤，白蜜炼过三斤，和作饼，曝干收。候客至，蒸食。条切，亦可羹。章简公诗云：「术荐神仙饼，菖蒲富贵花。」

【注释】①白术（zhú）：多年生草本植物，根茎可入药。味甘、苦，性温。有健脾利水之效。

②石菖蒲：观赏植物的一种。茎可入药。

【译文】将白术切片，与石菖蒲同煮一滚后晒干研磨成粉，将这两种粉末各取四两，与三斤干山药粉、三斤白面、三斤炼熟的白蜜一起揉成面团，制成饼坯，经过曝晒后将其贮存。等有宾客到访时，便可将其蒸软食用。或是将其切成条状，也可以制成羹汤。章简公有诗云：「术荐神仙饼，菖蒲富贵花。」

香圆杯

谢益斋（奕礼）不嗜酒①，常有「不饮但能看客醉」之句②。一日书余琴罢，命左右剖香圆作二杯③，刻以花，温上所赐酒以劝客。清芬霭然④，使人觉金樽玉斝皆埃壒之矣⑤。香圆，似瓜而黄，闽南一果耳。而得备京华鼎贵之清供⑥，可谓得所矣。

【注释】①谢益斋：即谢奕礼，南宋宰相谢深甫之孙。谢深甫是东晋太傅谢安的第二十五世孙。

②常：通「尝」，曾经。「不饮」一句：原文作「不饮但能著醉」，据上海涵芬楼《说郛》丛书刻本改。

③香圆：即香橼，又名枸橼。小乔木或大灌木，果实长圆形，黄色，皮粗厚而有芳香，可供观赏。

④霭然：云气缭绕。这里指香气飘散弥漫。

⑤玉斝（jiǎ）：玉制的酒器。埃壒（āi ài）：尘土。

⑥清供：清玩，供赏玩的雅致的东西。

【译文】谢奕礼本人并不爱饮酒，曾经却有「不饮但能看客醉」的言论。一天，他在读书弹琴之余，命仆人将香圆一剖为二，挖出果肉只留下两个杯状的果皮，并在上面雕饰花纹，将御赐的美酒温热后，倒入香圆杯中请宾客品尝。香圆杯中的美酒清香四溢，令人觉得金樽玉斝都如尘土一般黯然失色。香圆，果实似瓜，色泽金黄，是盛产于闽南地区的一种水果。它之所以能成为京师显贵人家的赏玩之物，真可谓是物尽其用了。

蟹酿橙

橙用黄熟大者，截顶，剜去穰①，留少液。以蟹膏肉实其内，仍以带枝顶覆之，入小甑，用酒、醋，水蒸熟。用醋，盐供食，香而鲜，使人有新酒菊花、香橙螃蟹之兴。因记危巽斋（稹）赞蟹云②：「黄中通理，美在其中。畅于四肢，美之至也。」此本诸《易》③，而于蟹得之矣，今于橙蟹又得之矣。

【注释】①穰（ráng）：同「瓤」，果肉。

②危巽斋（1158—1234）：即危稹，原名科，字逢吉，自号巽斋，又号骊塘。南宋文学家、诗人。著有《巽斋集》。

③此本诸《易》：危稹所言源于《周易·坤卦》：「君子黄中通理，正位居体，美在其中，而畅于四支，发于事业，美之至也！」

【译文】择选硕大黄熟的橙子，将带枝叶的一端从顶部切下一块圆形果皮做盖，放置一旁备用，再将橙子内部的果肉剜去，只保留少许橙汁。再用蟹膏、蟹肉将橙子内部填满，然后将带有枝叶的果皮盖在橙子上，依次码入蒸锅，蟹肉中佐以酒、醋，隔水蒸熟。蒸熟后配以醋、盐蘸食蟹肉，鲜香美味，使人尽享新酒菊花、香橙美蟹的乐趣。我记得危稹曾赞美鲜蟹说：「黄中通理，美在其中。畅于四肢，美之至也。」这话原本出自《周易》，从螃蟹的鲜美中得以显露，如今又通过橙蟹被展现得淋漓尽致。

莲房鱼包

将莲花中嫩房去穰截底，剜穰留其孔，以酒、酱、香料加活鳜鱼块实其内，仍以底坐甑内蒸熟。或中外涂以蜜，出碟，用渔父三鲜供之。三鲜，莲、菊、菱汤瀣也。

向在李春坊席上，曾受此供。得诗云：「锦瓣金蓑织几重，问鱼何事得相容。涌身既入莲房去，好度华池独化龙①。」李大喜，送端研一枚、龙墨五笏②。

【注释】①「锦瓣」四句：出自作者林洪的《莲房鱼包》。「瓣」原文缺，据上海涵芬楼《说郛》从书刻本补。

②笏（hù）：指成锭的东西。

【译文】将鲜嫩的莲蓬去瓤切掉底部，保留莲蓬上的小孔，用酒、酱汁、香料等将鳜鱼切块腌渍入味，然后将调料和鳜鱼块一起塞进莲蓬内，再将切掉的底部重新盖上，依次码入锅中蒸熟。或者将莲蓬的内外都涂一层蜂蜜，装盘，再用渔父三鲜蘸食。所谓的三鲜，指的就是莲子、菊花和菱角的汁液。

【南宋】马远《松下闲吟图》

我曾经在李春坊的宴席上吃过这道菜。我有感而发，作诗云：「锦瓣金蓑织几重，问鱼何事得相容。涌身既入莲房去，好度华池独化龙。」李春坊听后大喜，赠送给我一方端砚和五锭龙墨。

玉带羹

春访赵莼湖（璧），茅行泽（雍）亦在焉。论诗把酒，及夜无可供者。湖曰：「吾有镜湖之莼①。」泽曰：「雍有稽山之笋②。」仆笑：「可有一杯羹矣！」乃命庖作「玉带羹」，以笋似玉、莼似带也。是夜甚适。今犹喜其清高而爱客也。每颂忠简公「跃马食肉付公等，浮家泛宅真吾徒」之句③，有此耳。

【注释】①镜湖：又称鉴湖，古时长江以南的大型农田水利工程之一。位于今浙江省绍兴市会稽山北麓。

②稽山：会稽山的简称。

③忠简公（1085—1147）：即赵鼎，字元镇，号得全居士。南宋政治家、文学家、宰相。谥号忠简。著有《忠正德文集》《得全居士词》。「跃马」两句：出自赵鼎的《舟中呈耿元直》。

【译文】入春后的一天，我去拜访赵莼湖，恰巧茅行泽也在。我们三人一边论诗一边畅饮，直到晚上，家里没什么可吃的东西了。赵莼湖便说：「我家有镜湖中的莼菜。」茅行泽说：「我有会稽山上的竹笋。」我笑了笑说：「这些食材可以烹制一杯羹汤了！」于是命厨师烹制「玉带羹」，因竹笋形似美玉、莼菜貌似锦带而得名。当晚，我们三人相谈甚欢。时至今日，我也还是很欣赏那种清雅高洁而又热情的待客之道。每次吟诵忠简公「跃马食肉付公等，浮家泛宅真吾徒」的诗句时，便会再次回忆起当时的情景。

酒煮菜

鄱江士友命饮①，供以「酒煮菜」。非菜也，纯以酒煮鲫鱼也。且云：「鲫，稷所化②，以酒煮之，甚有益。」以鱼名菜，私窃疑之。及观赵与时《宾退录》所载③：「靖州风俗④，居丧不食肉，惟以鱼为蔬，湖北谓之鱼菜。」杜陵《小白》诗亦云⑤：「细微沾水族，风俗当园蔬⑥。」始信鱼即菜也。赵，好古博雅君子也⑦，宜乎先得其详矣。

【注释】①鄱（pó）江：古时的番水。又名长港、饶河。位于今江西省北部。士友：古代称在官僚知识阶层或普通读书人中的朋友。

②稷：古时一种粮食作物，泛指粮食。

③赵与时（1172—1228）：字行之，一作德行，宋太祖赵匡胤七世孙。著有《宾退录》十卷。

④靖州：位于今湖南省靖州苗族侗族自治县一带。

⑤杜陵：即杜甫（712–770）。

⑥「细微」两句：出自杜甫的《白小》，与文中所述的「《小白》」略有不同。

⑦好古：喜爱古代的事物。博雅：渊博雅正。

【译文】鄱江的士友邀我共饮，席间端上来一道「酒煮菜」。这道菜并不是用蔬菜烹制的，完全是用酒煮鲫鱼。士友还说：「鲫鱼，是由粮食所化，用酒煮，极具滋补功效。」把鱼称为菜，我暗自怀疑这种说法的准确性。等看到赵与时在《宾退录》中所载：「靖州风俗，服丧期间不吃肉，只把鱼当成菜，湖北人称其为鱼菜。」杜甫同样在《小白》中有云：「细微沾水族，风俗当园蔬。」我这才确信了鱼是菜的说法。赵与时，作为博古通今、品行雅正的君子，见多识广也是应该的啊。

蜜渍梅花

杨诚斋诗云：「瓮澄雪水酿春寒，蜜点梅花带露餐。句里略无烟火气，更教谁上少陵坛①。」剥白梅肉少许②，浸雪水，以梅花酿酝之。露一宿，取出，蜜渍之。可荐酒。较之扫雪烹茶③，风味不殊也。

【注释】①「瓮澄」四句：出自杨万里的《蜜渍梅花》。

②白梅肉：经盐腌后晒干的梅子，可入药。

③扫雪烹茶：《尧山堂外纪》中记载陶谷用雪水煮茶招待小妾，后被认为是文人间的

雅兴。

【译文】杨万里有诗云：「瓮澄雪水酿春寒，蜜点梅花带露餐。句里略无烟火气，更教谁上少陵坛。」剥白梅肉少许，浸于雪水中，再加入适量梅花一同发酵。露天放置一夜，将梅肉捞出用蜂蜜腌渍。可用来下酒。与取雪煎茶相比，别有一番风味。

持螯供

蟹生于江者，黄而腥；生于河者，绀而馨①；生于溪者，苍而清②。越淮多趋京，故或枵而不盈③。幸有钱君谦斋震祖，惟砚存④，复归于吴门⑤。秋，偶过之，把酒论文，犹不减昨之勤也。留旬余，每旦市蟹，必取其元烹，以清醋杂以葱、芹，仰之以脐，少俟其凝，人各举其一，痛饮大嚼，何异乎拍手浮于湖海之滨⑥？庸庖族饤⑦，非曰不文，味恐失真。此物风韵也，但橙醋自足以发挥其所蕴也。

且曰：「团脐膏，尖脐螯。秋风高，团者豪。请举手，不必刀。羹以蒿，尤可饕。」因举山谷诗云：「一腹金相玉质，两螯明月秋江⑧。」真可谓诗中之验。「举以手，不必刀」，尤见钱君之豪也。或曰：「蟹所恶，惟朝雾。实筑筐，噀以醋⑨。虽千里，无所误。因笔之，为蟹助。」有风虫⑩，不可同柿食。

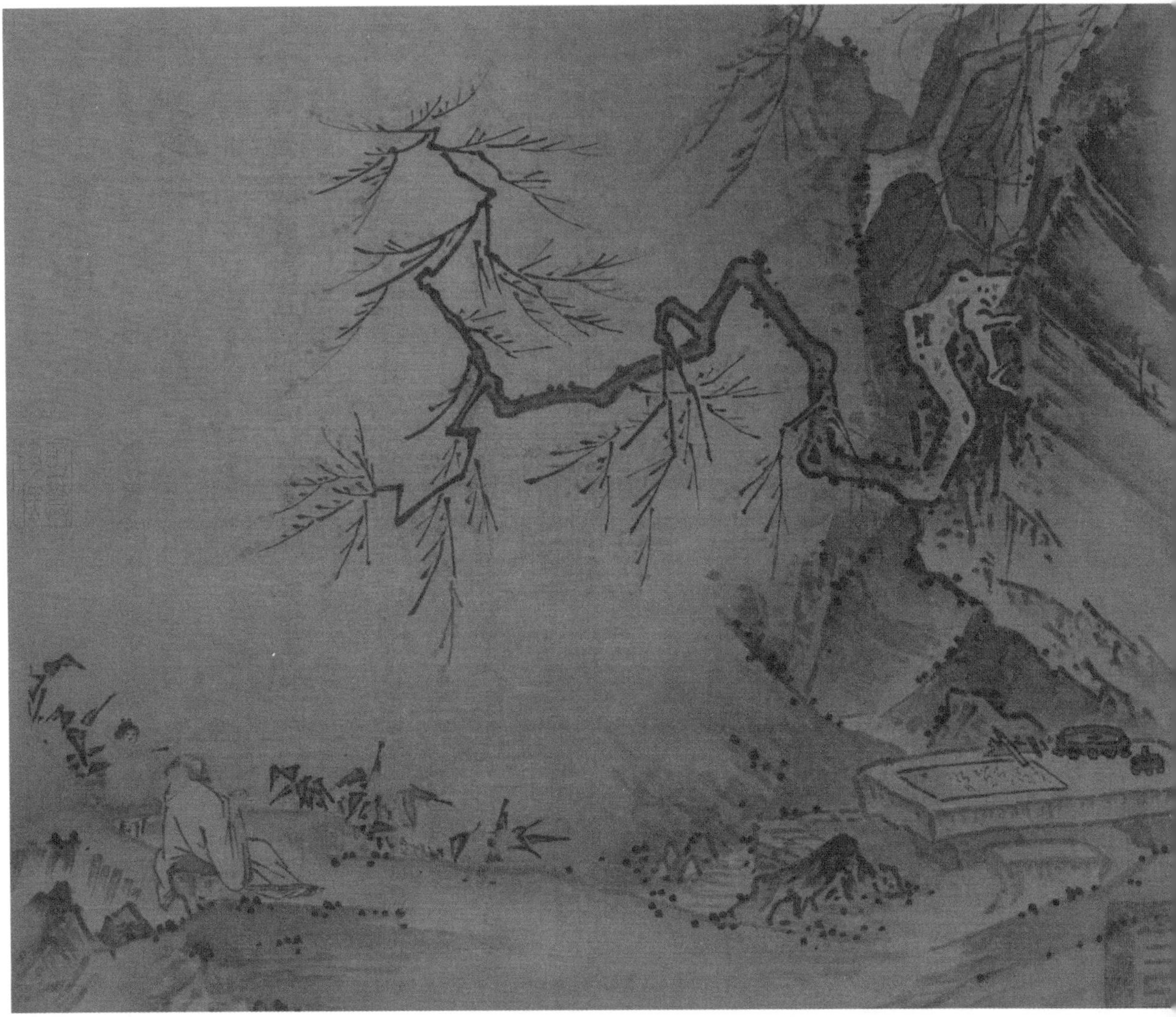

【南宋】马远《举杯邀月图》

【注释】①绀（gàn）：红青，微带红的黑色

②清：原文作「青」，据上海涵芬楼《说郛》丛书刻本改。

③枵（xiāo）：空虚。

④砚：旧指同学关系。

⑤吴门：指苏州或苏州一带，因曾为春秋吴国故地，故称。

⑥拍：原文作「柏」，据上海涵芬楼《说郛》丛书刻本改。据《晋书·毕卓列传》中记载：「卓尝谓人曰：『得酒满数百斛船，四时甘味置两头，右手持酒杯，左手持蟹螯，拍浮酒船中，便足了一生。』」

⑦饤（dìng）：贮食，盛放食品。原文作「丁」，据上海涵芬楼《说郛》丛书刻本改。

⑧「一腹」两句：并非由山谷道人所写，而是出自杨万里的《糟蟹六言二首》。

⑨噀（xùn）：含在口中而喷出。

⑩风虫：蟹腹中的寄生虫。

【译文】生长于江水中的蟹，色泽发黄且带有腥味；生长于河水中的蟹，色泽绀青且香气四溢；生长于溪水中的蟹，颜色发青且味道清甜。大部分螃蟹穿越淮河向京师方向迁徙，因此它们腹壳空空并不肥美。所幸有钱君谦斋，念念不忘同窗之谊，重返吴门。入秋后的一天，正好路过他家，他邀我一起饮酒论文，勤奋的劲头儿仍不减当年。在他家暂住了十几天，每天清晨，钱君都买来螃蟹，一定要挑选其中个儿头最大的烹煮，在葱花、香芹中调入清醋，然后将熟透的螃蟹肚皮朝上，等它稍微晾凉一些，便每人拿起一只，畅快饮酒，大快朵颐地享用，这和置身于湖海之滨又有什么区别呢？并非普通的家厨做不出工序繁杂的螃蟹佳肴，只是恐怕过度加工会有损它的本

味。螃蟹的鲜美，只需香橙、清醋就足以发挥其蕴含的原始鲜香之味。

钱君还说：「脐纹呈半圆形的为母蟹，脐纹呈三角形的为公蟹。秋高气爽时，正是母蟹最肥美的季节。吃螃蟹无须刀切，徒手掰开便可食用。或蒸或煮，味道同样鲜美。」又举例说，黄庭坚有诗云：「一腹金相玉质，两螯明月秋江。」螃蟹的肥美在诗文中也得到了鲜明的验证。「徒手即食，不用刀切」，这种吃法尤其能看得出钱君的豪爽。有人说：「蟹所恶，惟朝雾。实筑筐，噀以醋。虽千里，无所误。因笔之，为蟹助。」螃蟹腹中有寄生虫，一定要经过长时间的烹煮才可食用，另外，螃蟹性寒不可与柿子同食。

汤绽梅

十月后，用竹刀取欲开梅蕊，上下蘸以蜡①，投蜜缶中。夏月，以热汤就盏泡之，花即绽，香可爱也。

【注释】①蜡：指蜂蜡。

【译文】每年十月过后，用竹刀摘取即将绽放的梅花花苞，将其周身上下沾满蜂蜡，封存于蜜罐中。待到来年入夏后，在杯盏中用开水冲泡，梅花花苞随即绽放，花香四溢惹人喜爱。

通神饼

姜薄切，葱细切，以盐汤焯。和白糖、白面，庶不太辣①。入香油少许，炸之，能去寒气。朱晦翁《论语注》云②：「姜通神明。」故名之。

【注释】①庶：表示希望发生或出现某事，进行推测；但愿，或许。

②《论语注》：即指朱熹所著的《论语集注》。

【译文】姜切薄片，葱切细丝，开水中加入食盐，快速将姜片和葱丝氽烫一下。然后加入适量白糖、白面，搅拌均匀，这样是为了使葱姜的味道不会太辣。锅中放入少许香油，煎炸成熟，经常食用能祛除体内寒气。因朱熹在《论语集注》中有载：「姜通神明。」故得名「通神饼」。

金饭

危巽斋诗云：「梅以白为正，菊以黄为正①。」过此，恐渊明、和靖二公不取也。今世有七十二种菊，正如本草所谓「今无真牡丹，不可煎者」。法：采紫茎黄色正菊英②，以甘草汤和盐少许焯过。候饭少熟，投之同煮。久食，可以明目延年。苟得南阳甘谷水煎之③，尤佳也。

昔之爱菊者，莫如楚屈平④、晋陶潜。然孰知今之者，有石涧元茂焉⑤？虽一行一坐，未尝不在于菊。《缁帙得菊叶》诗云⑥：「何年霜后黄花叶，色蠹犹存旧卷诗。曾是往来篱下读，一枝闲弄被风吹。」观此诗，不惟知其爱菊，其为人清介可知矣⑦。

【注释】①「梅以」两句：出自危稹的《句》，全诗共10字。正，纯正不杂。

②英：花。

③南阳甘谷水：据《风俗通》中记载，南阳郦县有甘谷，谷中水甘美。

④屈平（约前340－前278）：即屈原，名平，字原。战国时期楚国诗人、政治家。

⑤石涧元茂：即刘元茂，号石涧。宋代文学家，代表作《次花翁览镜韵》等。

⑥《缁帙得菊叶》：刘元茂所作，「闲」原文作「开」，据上海涵芬楼《说郛》丛书刻本改。

⑦清介：清正耿直。

【译文】危稹有诗云：「梅以白为正，菊以黄为正。」除白梅、黄菊之外的其他品种，恐怕就连爱菊的陶渊明、爱梅的和靖先生也不欣赏。当今世上共有七十二种菊花，正如本草中所载「当今世上没有真正的牡丹，不可煎食」。

具体制法：采紫茎色黄的菊花数朵，用甘草汤加少许盐将菊花焯水。煮饭时，待到米饭将熟之际，倒入焯水的菊花，与饭同煮。长期食用此饭，可明目益寿。若是能取来南阳甘谷中的泉水煮饭，味道会更加香甜。

从前，没有比楚国的屈原、东晋的陶渊明更爱菊的了。然而有谁知道当今世上最喜爱菊花的人，还有刘元茂呢？举手投足之间，无不在意菊花。《缁帙得菊叶》中有云：「何年霜后黄花叶，色蠹犹存旧卷诗。曾是往来篱下读，一枝开弄被风吹。」从此诗可知，他不仅喜爱菊花，而且他本人也是极为清正耿直的啊。

石子羹

溪流清处取白小石子，或带藓衣者一二十枚①，汲泉煮之，味甘于螺，隐然有泉石之气②。此法得之吴季高，且曰：「固非通霄煮食之石③，然其意则甚清矣。」

【注释】①藓衣：石头表面生长的苔藓。

②泉石：泛指山水。

③「固非」一句：古时传说神仙、方士烧煮白石为粮，后因借为道家修炼的典实。

【译文】在溪流清澈的地方拣选白色或带有苔藓的小石子一二十枚，就地取适量泉水煮这些小石子，煮石的味道比螺蛳还要甘甜，气味中隐约夹杂着山水的气息。这个方法源自吴季高，他还说：「这虽然不是传说中神仙煮石为粮的石头，但是其意境倒也清雅别致。」

梅粥

扫落梅英，捡净洗之，用雪水同上白米煮粥。候熟，入英同煮。杨诚斋诗曰：「才看腊后得春饶，愁见风前作雪飘。脱蕊收将熬粥吃，落英仍好当香烧①。」

【注释】①「才看」四句：出自杨万里的《落梅有叹》。

【译文】将飘落的梅花扫起来，挑选干净的花瓣清洗一下，上好的白米用雪水来煮粥。待到粥将熟时，倒入洗净的梅花同煮。杨万里有诗云：「才看腊后得春饶，愁见风前作雪飘。脱蕊收将熬粥吃，落英仍好当香烧。」

山家三脆

嫩笋、小蕈①、枸杞头，入盐汤焯熟，同香熟油、胡椒、盐各少许，酱油、滴醋拌食。赵竹溪密夫酷嗜此②。或作汤饼以奉亲，名「三脆面」。尝有诗云：「笋蕈初萌杞采纤，燃松自煮供亲严。人间玉食何曾鄙，自是山林滋味甜③。」（蕈亦名菰④）。

【注释】①蕈（xùn）：生长在树林里或草地上的某些高等菌类，有的可食，有的有毒。此处与下文的「蕈」，在原文中均作「簟」，据上海涵芬楼《说郛》从书刻本改。

②赵竹溪密夫：即赵密夫，号竹溪，福建泉州人。

③「笋蕈」四句：出自赵密夫的《三脆面》。

④菰：同「菇」。

【译文】嫩笋、小蕈、枸杞芽，放入盐水中焯熟，沥干水分，加入少许炼熟的香油、胡椒和盐，再用酱油、少许醋拌匀食用。赵密夫特别爱吃这道菜。有时他也会烹制这种汤饼来奉养双亲，并取名「三脆面」。他曾有诗云：「笋蕈初萌杞采纤，燃松自煮供亲严。人间玉食何曾鄙，自是山林滋味甜。」蕈又名菰。

【南宋】马远《隔江渔笛图》

玉井飯

章藝齋鑑宰德清時雖槐古馬高尤喜延客然飲食多不取諸市恐旁緣而擾人一日往訪之邊有蝗不入境之處留以晚酌數杯命左右造玉井飯甚香美法削藕截作塊采新蓮子去皮候飯少沸投之如盦飯法盖取太華峰頭玉井蓮開花十丈藕如船之句昔有藕詩云一彎西子臂七竅比干心今杭都范堰經進斗星藕大孔七小孔二有九竅因筆及之

洞庭饐

舊游東嘉時在水心先生席上邊淨居僧送饐至如錢大各合橘葉清香靄然如在洞庭左右先生詩曰不待滿林霜後熟蒸來便作洞庭香因詢寺僧曰采蓮與橘葉擣汁加蜜和米粉作饐各各以葉蒸之市有賣特差大耳

荼䕷粥

舊辱趙東岩雲子瓚夫寄詩中有一詩云好春虛度三之一滿架荼䕷取次開有客相看無可設數枝帶雨摘將來始疑荼䕷非可食者一日過靈鷲訪僧蘋州午留

粥甚香美詢之乃荼蘼花也其花發采花片用甘艸湯焯候粥熟同煮又采木香嫩葉就元湯焯以蔴油鹽醯為菜茹僧苦嗜吟宜乎知此味之清且知岩雲之詩不誣也

蓬糕

采白蓬嫩者熟煮細擣和米粉蒸熟以香為度世之貴介子弟知鹿茸鍾乳為重而不知食此實大有補詎可以山食而鄙之哉

櫻桃煎

櫻桃經雨則蟲自內生人莫之見用水一碗浸之良久其蟲皆蟄蟄而出乃可食也楊誠齋詩云何人弄好手萬顆搗虛脆印成花鈿薄染作冰澌翠北果不多此味良久獨美要之其法不過煮以梅水去核搗印為餅而加以蜜耳

如薺菜

劉彝學士宴集間必欲主人設苦蕒狄武襄公青帥邊時邊郡難以時置一日集彝與韓魏公對坐偶此不設謾罵狄公至黔卒狄公聲色不動仍以先生呼之魏公

知狄真將相器詩云誰謂荼苦劉可謂甘如薺者其爲
法用醯醬獨伴生菜然太苦則加薑鹽而已禮孟夏苦
菜秀是也本草一名荼安心益氣隱居作屑飲可不寐
今交廣多種之

萊菔麪

王醫師承宣嘗擣萊菔汁搜麪作餅謂能去麪毒本草
地黄與萊菔同食能白人髪水心先生酷嗜萊菔玉謂
誠齋云萊菔便是辣底玉僕與靖逸葉賢良紹翁過二
十年每飲適必索萊菔與皮同啗乃快所欲靖平生讀

書不減水心而所嗜畧同或曰能通心氣故文人嗜之
然靖逸未老而髮已皤豈地黄之過與

麥門冬煎

春秋采根去心擣汁和蜜以銀器重湯煮急攪如飴為度貯之甆器溫酒化服滋益多矣

假煎肉

瓠子麩薄批各和以料煎麩以油煎瓠以脂乃熬葱油入酒共炒熟不惟肉其味亦無辨者吳阿鑄容或云吳
貴為后家而善與山林友朋嗜此清味賢矣嘗作小清

錦屏鵲鳥瓶香簪古梅枝綴像生梅數花實坐右欲左
右未嘗忘梅一夕公題賦詞有孫貴番施游僕亦在焉
僕得心字戀綉衾即席云氷肌生怕雪來禁翠屏前知
滿香簪真果是踈枝瘦認花兒不要浪吟等閒蜂蝶都休惹暗
香來時借水沉既得箇厮偎伴任風霜儘自放心諸公
差勝今忘其辭每到必先酌以巨觥名曰發符酒而後
觴咏抵夜而去葢喜其子姓皆克肖故及之

橙玉生

雪穊大者碎截摠入少鹽醬伴供可佐酒興葛天民嘗

北棃詩云每到邊頭感物華新棃甞到野人家甘酸尚帶中原味腸斷春前不見花雖非咏此棃然每愛其寓物有黍離之嘆故及之如咏雪棃則無如張半塹蘊藏身三寸褐貯腹一團氷之句被褐懷玉者葢有取焉

玉延索餅

山藥名薯蕷秦楚間名玉延白細如棗葉青銳于牽牛夏日溉以黄牛矢則蕃春冬采根白者為上以水浸少許經宿洗淨去涎焙乾磨篩為麪宜亟作湯餅如用作索研濾為粉入竹筒中溜于淺醋盆内出之于水浸

去醋味如煮湯餅法如煮食惟刮去皮醮鹽蜜皆可其性溫無毒且有補益故陳簡齋有玉延取香色味以爲三絶陸放翁亦有云久緣多病鍊雲液近爲長齋進玉延比于杭都多見而名佛手藥者其味尤佳也

大耐糕

向杭雪分究夏日命飲作大耐糕必粉麵爲之及出乃用大芋生者去皮剜心以白梅甘草湯焯用蜜和松子欖仁填之入小甑蒸熟爲寺宗也非熟則損脾且取先公大耐官職之意以此見向公有意于文簡之衣鉢也

夫天下之事苟知耐以此一字以節義自守何患事業之不遠耶洪因賦之曰旣久傳家學清名自此高雪谷類編乃謂大耐本李流事或恐未然

鷩鷟炙

蜀有雉中藏綬如錦遇晴則向陽擺之出二角寸許李文饒詩舒蔵散綬輕風裏若衍若垂何可擬王安石詩天日晴明聊一吐兒童初見休驚猜生而反哺亦名孝雉雖杜甫有香閑錦帶羹之句而未嘗食向游吳之盧區留錢春塘受選家持螯把酒適有弋人攜雙鷩至得

之焆以油𤍠下酒醬香料焗熟飲餘吟倦得此甚適詩云盤中一著休嫌瘦如骨相思定不肥不減錦帶矣靜言思之吐綬雖各以文采烹煞吐綬能返哺烹之忍哉

筍蕨餛飩

采筍蕨嫩者各用湯瀹炒以油和之酒醬香料作餛飩供向客江西林谷梅少魯家屢作此品後作古香亭采芎菊對玉茗花真佳適也玉茗似茶少異高約五尺許今獨林氏有之林乃金石堂山房之子清可想矣

雪霞羹

采芙蓉花去心蒂湯瀹之同豆腐煮紅白交錯恍如雪霽之霞名雪霞羹加胡椒萱亦可也

鵝黄豆生

温陵人前中元數日以水浸黑豆暴之及芽以糠皮寘盆内鋪沙植豆用板壓及長則覆以桶曉則曬之欲其齊而不為風日侵也中元則陳于祖宗之前越三日出之洗焯漬以油鹽苦酒香料可為茹卷以麻餅尤佳色淺黄名鵝黄豆生僕遊江淮二十秋每因此一起松水之念將賦歸以償此一大願也

玉井饭

章雪斋鉴宰德泽时①，虽槐古马高②，犹喜延客。然饭食多不取诸市，恐旁缘扰人③。一日，往访之，适有蝗不入境之处④，留以晚酌数杯。命左右造玉井饭，甚香美。其法：削嫩白藕作块，采新莲子去皮心，候饭少沸，投之，如盦饭法。盖取「太华峰头玉井莲，开花十丈藕如船⑤」之句。昔有《藕》诗云：「一弯西子臂，七窍比干心。」今杭都范堰经进斗星藕⑥，大孔七、小孔二，果有九窍。因笔及之。

【注释】①章雪斋鉴（1214—1294）：即章鉴，字公秉，号杭山，别号万叟，南宋宰相，修水八贤之一，著有《杭山集》。

②槐古马高：形容身居高位。槐，相传周朝时在宫外种有三棵槐树，三公朝见天子时，分立其下，后来以此比喻三公。

③旁缘扰人：这里指惊扰当地百姓，下属仰仗官威，欺凌百姓。旁缘，依仗，凭借。

④蝗不入境之处：这里指没有人打扰。

⑤「太华」两句：出自韩愈的《古意》。

⑥斗星：北斗星。

【译文】章鉴为相期间，即使位高权重，也总是乐于宴请宾客。但宴席所需食材，他基本不在集市上购买，生怕惊扰到当地百姓。一天，我前去拜访，恰巧他府上没有其他宾客，于是留我晚上小酌几杯。他吩咐仆人烹制的玉井饭，味道香甜可口。

具体烹制方法：鲜嫩的白藕洗净切块，将现采的新鲜莲子剥皮去芯，待到米饭微沸将熟时，放入藕块和莲子同煮，就像焖饭一样。玉井饭这个名字应该是取自「太华峰头玉井莲，开花十丈藕如船」之句。从前有一首《藕》诗，诗中写道：「一弯西子臂，七窍比干心。」如今杭州范堰的七星藕，有七个大孔、两个小孔，果然有九窍。借此机会把此事也记录下来。

洞庭饐①

旧游东嘉时②，在水心先生席上③，适净居僧送「饐」至④，如小钱大，各和以橘叶，清香霭然，如在洞庭左右。先生诗曰：「不待归来霜后熟，蒸来便作洞庭香⑤。」因询寺僧，曰：「采莲与橘叶捣之，加蜜和米粉作饐，各合以叶蒸之。」市亦有卖，特差多耳。

【注释】①饐（yì）：此处指当地一种面食。

②东嘉：浙江省温州的别称。

③水心先生（1150—1223）：即叶适，字正则，号水心居士，浙江温州人，南宋思想家、文学家、政论家、官员，著有《水心先生文集》《水心别集》等。

④净居僧：浙江省仙居县白塔镇净居寺的僧人。

⑤洞庭：应指太湖。「不待」两句：出自叶适的《句》。

【译文】从前我游览东嘉时，恰巧在水心先生的家宴上遇到净居寺的僧人送来「洞庭饐」，这种面食大小如铜钱，每个都用橘叶包裹，清香的味道悠扬缭绕，使人宛若置身于洞庭湖畔。水心先生曾有诗云：「不待归来霜后熟，蒸来便作洞庭香。」于是我向僧人打听这种面食的制作方法，僧人答：「采摘新鲜的莲叶、橘叶，研捣出汁水，加入蜂蜜和米粉制成饐，每一块都用橘叶包裹，然后蒸熟即成。」集市上也有小贩售卖，只是味道相差很远罢了。

荼蘼粥（附木香菜）

旧辱赵东岩子岩云瓚夫寄客诗①，中款有一诗云②：「好春虚度三之一，满架荼蘼取次开。有客相看无可设，数枝带雨剪将来③。」始谓非可食者。一日适灵鹫，访僧苹洲德修，午留粥，甚香美。询之，乃荼蘼花也④。其法：采花片，用甘草汤焯，候粥

【南宋】马远《西园雅集图（春游赋诗）》

熟同煮。又，采木香嫩叶⑤，就元汤焯，以盐、油拌为菜茹。僧苦嗜吟，宜乎知此味之清切。知岩云之诗不诬也。

【注释】①辱：谦辞，表示承蒙。赵东岩：即赵彦侯，号东岩。岩云瓚夫：即赵瓚夫，号岩云，宋朝宗室。寄客：寄居他乡之人。

②中款：出于内心的真诚情意。

③「好春」四句：出自赵瓚夫的《寄林可山》。原诗为：「好春虚度三之一，满架荼醾取次开。有客相看无可设，数枝带雨摘将来。」

④荼蘪：又作荼蘼，酴醾，落叶灌木，以地下茎繁殖，春末夏初开花。

⑤木香：荼蘪花的别名。

【译文】我曾有幸收到赵彦侯的儿子赵瓚夫客居他乡时写的诗，其中有一首诗最是情真意切，诗中这样写道：「好春虚度三之一，满架荼蘪取次开。有客相看无可设，数枝带雨剪将来。」我本来以为荼蘪是不能吃的。一天，我恰巧到灵鹫寺拜访僧人苹洲德修，午饭时他留我在寺中喝粥，那粥的味道分外香甜可口。我问他是用什么食材烹制的，原来粥里加的正是荼蘼花。具体烹制方法：采一些荼蘼花瓣，用甘草汤焯烫一下，待到米粥将熟时放入花瓣同煮。又，采摘适量木香嫩叶，趁新鲜用元汤焯熟，根据口味调入盐、油拌成菜蔬。僧侣生活虽然清苦，但他们都爱好吟诗作赋，应该更能体味这道菜的清切。可见，赵璞夫的诗所言非虚。

蓬糕

采白蓬嫩者①，熟煮，细捣。和米粉，加以糖，蒸熟，以香为度。世之贵介②，但知鹿茸、钟乳为重③，而不知食此大有补益，讵不以山食而鄙之哉④！闽中有草稗⑤。又饭法：候饭沸，以蓬拌面煮，名蓬饭。

【注释】①白蓬：蓬草，又称飞蓬，多年生草本植物，花白色，中心黄色，叶似柳叶，子实有毛。

②贵介：尊贵、显贵的人。

③钟乳：指钟乳石，古代认为其是贵重滋补品。

④讵（jù）：岂，怎，难道。

⑤草稗（bài）：一年生草本植物，长在稻田里或低湿的地方，形状像稻，是稻田的害草，果实可酿酒、做饲料。

【译文】采摘最鲜嫩的白蓬叶，煮熟捣碎。将其拌入米粉中，加适量白糖揉匀，上锅蒸制，待到香味飘散时即熟。世上的达官显贵，只知道鹿茸、钟乳是滋补佳品，却不知道吃蓬糕也大有裨益，岂能因蓬糕是由山野食材制成而轻视它的功效呢！闽中一带也有用草稗来制作蓬糕的。又，用白蓬叶煮饭的方法：待到米饭微沸将熟时，将白蓬叶搅拌面粉同煮，名为蓬饭。

樱桃煎

樱桃经雨，则虫自内生，人莫之见。用水一碗浸之，良久，其虫皆蛰蛰而出①，乃可食也。杨诚斋诗云：「何人弄好手？万颗捣尘脆。印成花钿薄，染作冰澌紫。北果非不多，此味良独美②。」要之，其法不过煮以梅水，去核，捣印为饼，而加以白糖耳。

【注释】①蛰蛰：众多的样子。

②「何人」六句：出自杨万里的《樱桃煎》。原诗为：「何人弄好手？万颗捣虚脆。印成花钿薄，染作水澌紫。北果非不多，此味良独美。」

【译文】淋过雨的樱桃，内部会滋生果虫，人们从外表很难察觉。用一碗清水浸泡，一段时间后，会有大量果虫爬出，经过处理的樱桃才可放心食用。杨万里有诗云：「何人弄好手？万颗捣尘脆。印成花钿薄，染作冰澌紫。北果非不多，此味良独美。」制作樱桃煎的关键，不过是先用梅子水煮樱桃，然后去核，捣烂再用模具将果肉压制成饼，然后撒上白糖而已。

如荠菜

刘彝学士宴集间①，必欲主人设苦荬②。狄武襄公青帅边时③，边郡难以时置。一日集，彝与韩魏公对坐④，偶此菜不设，骂狄分至黥卒⑤。狄声色不动，仍以「先生」呼之，魏公知狄公真将相器也。《诗》云：「谁谓荼苦⑥？」刘可谓「甘之如荠⑦」者。

其法：用醯酱独拌生菜⑧。然，作羹则加之姜、盐而已。《礼记》：「孟夏苦菜秀」是也。本草：「一名荼，安心益气。」隐居⑨：「作屑饮，不可寐⑩。」今交、广多种也⑪。

【注释】①刘彝（1017—1086）：字执中，北宋著名水利专家，曾主持修建福寿沟，著有《七经中义》《明善集》《居阳集》等。宴集：宴饮集会。

②苦荬：指苦菜，越年生菊科植物。春夏间开花。茎空，叶呈锯形，有白汁。茎叶嫩时均可食，略带苦味，故名。

③狄武襄公青（1008—1057）：即狄青，字汉臣，北宋名将，曾大破西夏、平定侬智高之乱，谥号「武襄」。

④韩魏公（1008—1075）：即韩琦，字稚圭，自号赣叟，北宋政治家，词人。曾抵御

西夏，参与庆历新政，并治理蜀地，赐谥号「忠献」，后加赠为魏郡王。

⑤黥卒：宋朝在士兵脸上刺字，以防逃跑。

⑥「谁谓」一句：出自《诗经·谷风》。

⑦甘之如荠：只要心甘情愿，即使有如茶之苦，亦觉得像荠菜般甘甜。出自《诗经·谷风》。

⑧醯酱：醋和酱，亦指酱醋拌和的调料。

⑨隐居：指陶弘景（456–536），字通明，自号华阳隐居，南朝齐、梁时道教学者、炼丹家、医药学家。

⑩「作眉」两句：出自陶弘景的《本草经集注》。

⑪交、广：地名。分别指交州和两广地区，交州又作交趾，位于今广东省、广西壮族自治区的大部分以及越南北部和中部。

【译文】刘彝学士在参加宴集时，必定会要求主人准备苦荬。狄青戍边时，边郡一带并非随时都能吃到苦荬。在一次宴集上，刘彝和韩魏公相对而坐，当时宴席上正巧没准备苦荬，刘彝便从狄青到他的属下挨个儿数落了一遍。狄青不动声色，始终尊称刘彝为「先生」，韩魏公由此看出狄青真乃将相之才。《诗经》中有载：「谁谓茶苦？」刘彝真可以算得上是「甘之如荠」的人了。

具体制法：只用醋酱汁调拌生苦荬即可。然而，若是制作羹汤则只需加入姜、盐调味而已。《礼记》中有载：「农历四月苦荬长势正好。」说的正是苦荬。据本草记载：「苦荬又名茶，可安心益气。」陶弘景说：「若是晚间饮用，则会导致失眠。」如今，在交趾、两广一带被广泛种植。

萝菔面

王医师承宣，常捣萝菔汁，搜面作饼①，谓能去面毒②。本草云：「地黄与萝菔同食，能白人发。」水心先生酷嗜萝菔，甚于服玉。谓诚斋云：「萝菔便是辣底玉。」

仆与靖逸叶贤良绍翁过从二十年③，每饭必索萝菔，与皮生啖，乃快所欲。靖逸平生读书不减水心，而所嗜略同。或曰：「能通心气，故文人嗜之。」然靖逸未老而发已皤④，岂地黄之过欤？

【南宋】马远《华灯侍宴图》

【注释】①搜面：用水和面。

②面毒：古人认为面中带有不利于人体的火气。

③靖逸叶贤良绍翁（1194–1269）：指叶绍翁，字嗣宗，号靖逸，南宋中期诗人。著有《四朝闻见录》等。

④皤（pó）：形容白色。

【译文】医师王承宣经常将萝卜捣碎过滤，然后用萝卜汁和面制成饼，据说这样能去除面粉本来的火气。据本草记载：「地黄与萝卜同食，会导致头发变白。」水心先生特别爱吃萝卜，甚至超过了服玉。他对杨万里说：「萝卜就是底味辛辣的美玉。」

我结识德高望重的叶绍翁先生二十年之久，他每顿饭必定要食用萝卜，而且是连皮一起生吃，觉得这样才过瘾。叶绍翁平生所读的书并不比水心先生少，而且他二人的嗜好也很相似。有人说：「萝卜具有通气的功效，所以文人大都爱吃萝卜。」然而叶绍翁还不算苍老头发却已经白了，这难道是同食地黄所致吗？

麦门冬煎①

春秋，采根去心，捣汁和蜜，以银器重汤煮②，熬如饴为度。贮之瓷器内，温酒化。温服，滋益多矣。

【注释】①麦门冬：中药名。味甘微苦，性微寒，具有滋阴润肺，益胃生津，清心除烦之效。

②重汤：隔水蒸煮。

【译文】每逢春、秋两季，将采挖的麦门冬根茎去心、捣碎，滤出汁液，在麦门冬汁液中加入蜂蜜搅拌均匀，再用银器盛装后隔水蒸煮，一直熬到汁液如糖浆般黏稠即成。将其储存在瓷器中，食用时用温酒化开。温服，具有滋养补益之功效。

假煎肉

瓠与麸薄切①，各和以料煎。麸以油浸煎，瓠以肉脂煎。加葱、椒、油、酒共炒。瓠与麸不惟如肉，其味亦无辨者。吴何铸晏客②，或出此。吴中贵家，而喜与山林朋友嗜此清味，贤矣。或常作小青锦屏风，乌木瓶簪，古梅枝缀象，生梅数花置座右③，欲左右未尝忘梅。

一夕，分题赋词④，有孙贵蕃、施游心，仆亦在焉。仆得「心」字《恋绣衾》，即席云：「冰肌生怕雪来禁，翠屏前短瓶满簪。真个是疏枝瘦，认花儿不要浪吟。等闲蜂蝶都休惹，暗香来时借水沉。既得个厮偎伴，任风霜尽自放心⑤。」诸公差胜⑥，今忘其辞。每到，必先酌以巨觥，名「发符酒」，而后觞咏⑦，抵夜而去。

今喜其子侄皆克肖⑧，故及之。

【注释】①麸：此处指面筋。

②何铸（1088–1152）：字伯寿，品德高尚，在岳飞入狱后，曾为岳飞申诉。谥号通惠，后改谥为恭敏。

③座右：座位的右边。古人常把所珍视的文、书、字、画放置于此。

④分题赋词：诗人聚会，分探题目而赋诗，谓之分题，又称探题。

⑤「任风」一句：「霜」原文作「雪」，「放」原文作「于」，据上海涵芬楼《说郛》丛书刻本改。

⑥差胜：稍微强一些。

⑦觞咏：饮酒咏诗。

⑧克肖：能继承前人。

【译文】麸瓜与面筋切薄片，分别佐以调料煎制。面筋需用油浸煎，麸瓜用猪油薄煎。然后在锅中加入适量葱、椒、油、酒一起翻炒。煎制后的麸瓜和面筋，不仅外表看起来很像肉，口感上也和肉没有太大区别。吴地的何铸宴请宾客，有时会烹制这道菜。何铸出身名门望族，却和隐居山林的朋友一样喜欢如此清淡的菜肴，真是贤德啊。他还时常摆弄一些小青锦屏风，乌木瓶簪，古梅枝缀象等玩物，或在座右陈设数支梅花，是希望左右之人不要忘记梅花的清雅。

一天晚上，大家分题赋词，席间有孙贵蕃、施游心和我。我分到一个「心」字，随即作了一首《恋绣衾》，当场吟诵道：「冰肌生怕雪来禁，翠屏前短瓶满簪。真个是疏枝瘦，认花儿不要浪吟。等闲蜂蝶都休惹，暗香来时借水沉。既得个厮偎伴，任风霜尽自放心。」其他人所作更胜一筹，只是如今记不清具体的词作了。每次轮到谁，那人必须先饮一大杯酒，名为「发符酒」，然后接着饮酒赋诗，就这样一直持续到深夜，我们才四散离去。

如今看到何铸的子侄能将祖业发扬光大，我感到很欣慰，因此把这件事记录下来。

橙玉生

雪梨大者，去皮核，切如骰子大。后用大黄熟香橙，去核，捣烂，加盐少许，同醋、酱拌匀供，可佐酒兴。葛天民《尝北梨》诗云①：「每到年头感物华，新尝梨到野人家。甘酸尚带中原味，肠断春风不见花。」虽非味梨，然每爱其寓物，有《黍离》之叹②，故及之。如咏雪梨，则无如张斗埜蕴「蔽身三寸褐，贮腹一团冰」之句③。被褐怀玉者④，盖有取焉。

【注释】①葛天民：字无怀，南宋诗人，著有《迎燕》《江上》等。

②《黍离》之叹：本为《诗经·王风》中的篇名，后用作感慨亡国之词。

③张斗埜蕴：即张蕴，字仁溥，号斗埜，著有《斗埜支稿》。

④被褐怀玉者：身穿粗布衣服，怀中藏着宝玉，比喻人有才德而深藏不露。

【译文】挑选个儿大的雪梨，去皮去核，切成骰子大小的块。然后取个儿大的黄熟香橙，去核，捣烂，加入少许盐，将梨块和醋、香橙酱拌匀食用，可助酒兴。葛天民在《尝北梨》中有云：「每到年头感物华，新尝梨到野人家。甘酸尚带中原味，肠断春风不见花。」虽然这首诗并不是介绍梨的味道，但我很喜欢诗中寄情于物的表现手法，大有《黍离》之叹，因而才提起它。有关赞美雪梨的诗，我认为没有比张斗埜的「蔽身三寸褐，贮腹一团冰」更贴切地描写了。那些深藏不露的贤士，大概会与诗文产生共鸣。

玉延索饼

山药，名薯蓣①，秦楚之间名玉延。花白，细如枣，叶青，锐于牵牛。夏月，溉以黄土壤，则蕃②。春秋采根，白者为上。以水浸，入矾少许，经宿，净洗去延，焙干，磨筛为面。宜作汤饼用。如作索饼③，则熟研④，滤为粉，入竹筒，微溜于浅酸盆内，出之于水，浸去酸味，如煮汤饼法。如煮食，惟刮去皮，蘸盐、蜜皆可。其性温，无毒，且有补益。故陈简斋有《玉延赋》⑤，取香、色、味为三绝。陆放翁亦有诗云⑥：「久缘多病疏云液，近为长斋煮玉延⑦。」比于杭都多见如掌者，名「佛手药」，其味尤佳也。

【注释】①薯蓣（yù）：山药的别称。多年生蔓草植物，既可食用，又可药用。有强壮、祛痰的功效。

②蕃：通「繁」，茂盛。

③索饼：面条。

④熟研：细细研磨。

⑤陈简斋（1090–1139）：即陈与义，字去非，号简斋，两宋著名爱国诗人。是江西诗派后期重要诗人，著有《简斋集》。

⑥陆放翁（1125–1210）：即陆游，字务观，号放翁，南宋文学家、史学家、爱国诗人。著有《渭南文集》《老学庵笔记》《南唐书》等。

⑦「久缘」两句：出自陆游的《书怀》，原诗是「久因多病疏云液，近为长斋进玉延。」

【译文】山药，又名薯蓣，在秦楚交界之地被称为玉延。花为白色，细碎如枣花，叶子呈青色，比牵牛花的叶片略尖。进入夏季，在黄土地上种植并加以灌溉，则长势旺盛。春秋两季可采挖山药的根茎，以白色为最佳。刚采挖回来的山药需经过长时间浸泡，水中加入少许明矾，浸泡一夜后将其洗净捞出，沥水焙干，然后研磨成粉，过筛。经过精细加工的山药粉很适合制作汤饼。如果是制作索饼之类，则需要多次细磨，过筛成粉，将磨好的山药粉倒入竹筒中，在微酸的醋盆里过一下，然后捞出浸于水中，以去除酸味，最后像煮汤饼一样烹煮即成。若是直接煮食，只需刮去山药的表皮，煮熟后蘸盐或蜂蜜食用皆可。山药性温，无毒，且极具补益功效。因此，陈与义在《玉延赋》中大赞其香、色、味三绝的特质。陆游也有诗云：「久缘多病疏云液，近为长斋煮玉延。」在杭州一带最常见的是形如手掌的山药，名为「佛手山药」，味道尤其鲜美。

大耐糕

向云杭公兖夏日命饮，作大耐糕。意必粉面为之。及出，乃用大李子生者去皮剜核，以白梅、甘草汤焯过，用蜜和松子肉、榄仁去皮、核桃肉去皮、瓜仁刬碎①，填之满，入小甑蒸熟，谓「耐糕」也。非熟，则损脾。且取先公「大耐官职②」之意，以此见向者有意于文简之衣钵也。

夫天下之士，苟知「耐」之一字，以节义自守，岂患事业之不远到哉！因赋之曰：「既知大耐为家学，看取清名自此高。」《云谷类编》乃谓大耐本李沆事③，或恐未然。

【注释】①刬（chǎn）：同「铲」，削去，铲平。

②大耐官职：在《宋史·向敏中传》中记载向云航的先祖向敏中，入仕为官，不论遭到诋毁还是得到奖赏，都能一如既往，宠辱不惊，恪尽职守。在天禧年间，向敏中升任右仆射兼门下侍郎，监修国史，宋真宗让李宗谔前去查探向敏中升迁之后如何接待上门为其庆贺的宾客，但是向敏中闭门谢客，庭院寂然。李宗谔进门后，向敏中只是陈述所任官职的责任之重，李宗谔又询问府中厨子，厨子回答没有宴请一人。李宗谔将此禀报宋真宗，宋真宗称赞向敏中「大耐官职」。向敏中，字常之，北宋名臣，谥号「文简」。

③《云谷类编》：南宋张淏所著。但原本已佚，无从可考。后人整理摘抄为《云谷杂记》。李沆（947—1004）：字太初，北宋名相、政治家、诗人。世人称其为「圣相」，谥号文靖。

【南宋】夏圭《长江万里图》(局部)

【译文】盛夏时节，向云杭公命人来邀我饮酒，说做了大耐糕请我品尝。顾名思义，我以为大耐糕必定是用面粉制成的。等端上来一看才知道，原来它是用大李子去皮剜核，并用白梅、甘草汤汆烫，再用蜂蜜调和松仁、去皮的橄榄仁、核桃仁、瓜子仁碎屑，然后将这些食材塞进李子，填满后上锅蒸熟，即成所谓的「耐糕」。如果蒸至半熟或夹生，则会伤脾。且这道美食取自向氏先祖向敏中「大耐官职」之意，由此可见，向氏家族希望继承先祖衣钵的志向。

天下之士，有几人能真正参透「耐」字的含义，以节义自守，何患事业不得长久、辉煌呢！因而赋诗云：「既知大耐为家学，看取清名自此高。」《云谷类编》中有载，「大耐」来源于李沆轶事，这种说法或许并不准确。

鸳鸯炙

蜀有鸡，嗉中藏绶如锦①，遇晴则向阳摆之，出二角寸许。李文饶诗②：「葳蕤散绶轻风里，若御若垂何可疑③。」王安石诗云④：「天日清明聊一吐，儿童初见互惊猜⑤。」生而反哺，亦名孝雉。杜甫有「香闻锦带羹⑥」之句，而未尝食。

向游吴之芦区，留钱春塘。在唐舜選家持螯把酒，适有弋人携双鸳至⑦。得之，燖，以油爁⑧，下酒、酱、香料燠熟⑨。饮余吟倦，得此甚适。诗云：「盘中一箸休嫌瘦，入骨相思定不肥。」不减锦带矣。靖言思之⑩，吐绶鸳鸯，虽各以文采烹，然吐绶能反哺，烹之忍哉？

雉，不可同胡桃、木耳簟食，下血⑪。

【注释】①嗉（sù）：鸟类喉咙下装食物的地方。藏绶如锦：文中记述的是吐绶鸡，又名「吐锦鸡」「真珠鸡」。因为其喉下有肉垂，形似绶带，故称。

②李文饶（787–850）：即李德裕，字文饶，又字台郎，唐代著名文学家，政治家、战略家，李吉甫之子，著有《次柳氏旧闻》《会昌一品集》等。

③「葳蕤（wēi ruí）」两句：出自李德裕的《句》，原诗是：「葳蕤轻风里，若衔若垂何可拟。」

④王安石（1021–1086）：字介甫，号半山老人。北宋文学家、思想家、政治家、改革家。唐宋八大家之一，著有《临川集》等。

⑤「天日」两句：出自王安石的《吐绶鸡》，「聊」原文作「即」，据上海涵芬楼《说郛》从书刻本改。

⑥羹：原文作「美」，据上海涵芬楼《说郛》从书刻本改。

⑦弋（yì）人：猎人。

⑧爁（làn）：烤。

⑨燠（yù）：暖，热。

⑩靖言：安静地。

⑪下血：证名。指便血。

【译文】蜀地有一种吐绶鸡，嗉囊上带有一个肉垂，每当晴天时，它们便朝着太阳摇摆，露出一寸多长的两角。李德裕有诗云：「葳蕤散绶轻风里，若御若垂何可疑。」王安石也有诗云：「天日清明聊一吐，儿童初见互惊猜。」这种鸡生来便会反哺，因此也叫孝雉。杜甫有「香闻锦带羹」的诗句，但他其实并没有吃过这种鸡。

我曾经游览吴中芦区时，在钱春塘留宿。当我正在唐舜選家中手持螃蟹，把酒言欢时，恰巧有个猎人拎着两只鸳鸯前来。收下这两只鸳鸯后，先用开水烫过，将毛褪干净，然后刷上油脂炙烤，再佐以酒、酱、香料等将其熯熟。大家饮酒吟诗作罢，便大快朵颐地享用这道美味，那感觉惬意至极。曾有一首诗中这样写道：「盘中一箸休嫌瘦，入骨相思定不肥。」烤鸳鸯的味道并不比吐绶鸡差。静下心琢磨：其实，无论是吐绶鸡还是鸳鸯鸟，它们虽然都是因为华丽的外表而被人当作美食享用，但吐绶鸡懂得反哺，又怎么忍心食用呢？

野鸡，不能与胡桃、木耳同食，会导致便血。

笋蕨馄饨

采笋、蕨嫩者，各用汤焯。以酱、香料、油和匀，作馄饨供。向者，江西林谷梅少鲁家，屡作此品。后，坐古香亭下，采芎①、菊苗荐茶，对玉茗花②，真佳适也。玉茗似茶少异，高约五尺许，今独林氏有之。林乃金石台山房之子，清可想矣。

【注释】①芎（xiōng）：多年生草本植物，全草有香气，根可入药。

②玉茗花：白山茶花的别称。

【译文】采摘鲜嫩的竹笋、蕨菜，分别用开水汆烫。然后用酱、香料、油搅拌均匀，以此做馅料包成馄饨。从前，江西林谷梅少鲁家就经常包这种笋蕨馄饨。品尝完鲜香可口的馄饨，然后坐在古香亭下，采一些芎叶、菊苗泡茶，一边品茗，一边欣赏玉茗花，那感觉清幽惬意，无与伦比。玉茗花似茶，但又与茶略有不同，它的植株高约五尺左右，如今也只有林氏还保留着这个品种。林谷梅是金石台山房之子，他的清雅可想而知。

雪霞羹

采芙蓉花，去心、蒂，汤焯之，同豆腐煮。红白交错，恍如雪霁之霞①，名「雪霞羹」。加胡椒、姜，亦可也。

【注释】①霁（jì）：雨雪停止，天放晴。

【译文】采摘盛开的芙蓉花，去掉花蕊和花蒂，开水氽烫后与豆腐同煮。芙蓉花与豆腐红白交错，犹如雪后晴空中的绚烂云霞，故名「雪霞羹」。也可在羹中加入胡椒、姜等调料，以增香提鲜。

鹅黄豆生

温陵人前中元数日①，以水浸黑豆，曝之。及芽，以糠秕置盆内②，铺沙植豆，用板压。及长，则覆以桶，晓则晒之。欲其齐而不为风日损也。中元，则陈于祖宗之前。越三日，出之，洗焯，以油、盐、苦酒、香料可为茹。卷以麻饼尤佳。色浅黄，名「鹅黄豆生」。

仆游江淮二十秋，每因以起松楸之念③。将赋归④，以偿此一大愿也。

【注释】①温陵：位于今福建省泉州市。

②糠秕（bǐ）：谷类在加工过程中分离出来的皮或壳。

③松楸（qiū）：松树与楸树，在墓地多植。后代指坟墓。

④赋归：辞官还乡。

【译文】温陵人习惯在中元节的前几日，将黑豆用水浸泡，然后放在太阳底下曝晒。等到黑豆发芽，再在盆中放入谷糠，铺上沙子，将发芽的黑豆种在盆中，上面用木板压实。等到豆芽长大，则在上面盖一个木桶，每天清晨拿出来晒太阳。这么做的目的是既能让豆芽长得整齐又不会遭受风吹日晒的损伤。到了中元节，人们便将生发好的豆芽供奉在祖宗牌位前。三天后，把豆芽撤下，洗净焯水，并佐以油、盐、醋、香料等制成菜肴。或是卷在麻饼里食用，口感尤其鲜香脆爽。豆芽色泽淡黄，故名「鹅黄豆生」。

我在江淮一带游历了将近二十年，经常因为这道菜而萌生思乡之情。便想辞官回家，以实现心中夙愿。

【南宋】夏圭《雪堂客话图》

真君粥

杏實去核候粥熟同煮可謂真君粥向游廬山聞董真君未仙時多種杏歲稔則以杏易穀歲歉則以穀賤糶時得活者甚衆後白日升仙有詩云是以蓮花峯下客種成紅杏亦升仙豈必專于煉丹服氣苟有功德于人雖未死而名亦仙矣因名之

酥黄

雪夜芋正熟有仇芋田從簡載酒來叩門就供之乃曰煮芋有數法獨酥黄世罕得之熟芋截片研榧子杏仁

和醬拖麵煎之且自侈為甚妙詩云雪翻夜鉢裁成玉

春化寒酥剪作金

滿山香

陳習菴塤學圃詩云只教人種菜莫誤客看花可謂重

本而知山林味矣薛氏曰黃人讚菜有云可使士大夫

知此味不可使一民有此色詩與文雖不同而憂時之

意則無以異一日煮油菜羹自以為佳品偶鄭渭濱師

呂至洪乃曰予有一方為獻只用蒔蘿椒炒為末貯以

葫蘆煮菜少沸乃與熟油醬同下急覆之而滿山已香

矣試之果然名滿山香比聞湯將軍孝信者盦菜不用水只以油炒候得汁和以醬料盦熟自謂香品過于禁臠湯武士也而不嗜殺異哉

酒煮玉蕈

鮮蕈淨洗約水煮少熟乃以好酒同煮或佐以臨漳綠竹筍則尤佳隱區玉蕈詩云幸從腐木出旋被齒牙私真有山林味難教世俗知香痕浮玉葉生煮滿璚枝饕餮多相忝應酧獨有詩今後苑多用酥炙其風味尤不淺也

鴨脚羹

葵似今蜀葵花短而葉大以傾陽故性温其法與壺菜同幽風九月所煮者是也刈之不傷其根則復生古詩故有採葵莫傷根傷根葵不生之句昔公儀休相魯其家植葵見而拔之曰食君之禄者又復家植葵小民豈可活哉白居易云禄米麞牙稻園蔬鴨脚葵因名

石榴粉

藕截細塊砂器内擦稍圓用梅水同胭脂染色調菉豆粉拌之入清汁煮供宛如石榴子狀又用熟筍絲細末

和以粉煮，此二法恐相因而成之者，故併存之云。

廣寒糕

采桂英，去青蒂，洒以甘草水，米粉炊作糕。大比歲，士友咸作餉子相饋，取「廣寒高甲」之讖。又有采花略蒸暴乾作香者，吟邊酒裏，以古鼎燃之，尤有清意。同用屈師禹詩云：「膽瓶清酌撩詩興，古鼎餘暈膩酒香。」可謂得此花之趣也。

河袛粥

禮記魚乾曰薧。古詩有「酌醴火枯魚」之句。南人謂之鮝

多煨食早有造粥者比游天台山取乾魚浸洗細截同

米煮入醬料加胡椒言能愈頭風適攷陳琳之檄亦有

雜豆腐爲之者雞跖集云武夷君食河櫃脯乾魚也因

名之

鬆玉

文惠太子問顒曰何菜爲最顒曰春初早韭秋末晚菘

然菘有三種惟白于玉者甚鬆脆如色稍青者絶無味

因侈其白者曰鬆玉亦欲世之有所決擇也

雷公栗

夜鑪書倦每欲煨栗心慮然燒之患一日見酈逢辰曰
只用一栗蘸油一栗蘸水寘鐵銚内以四十七栗冢覆
其上圍炭火然之候雷聲為度偶一日同飲試之果然

東坡豆腐

豆腐葱油炒用酒研小榧子一二十枚和醬料同煮又
方純以酒煮俱有益

碧筩酒

暑月命客棹舟蓮蕩中先以酒入荷葉飲之又包魚鮓
作供真佳適也坡云碧筩時作象鼻彎白酒疑帶荷心

昔坡守杭時想屢作此供也

鸎乳魚

鸎粟淨洗磨乳先以小粉置缸底用絹囊濾乳下之去清入釜稍沸亟洒淡醋收聚仍入囊壓成塊乃以小粉甑內下乳蒸熟畧以紅麴水酒又少蒸取出起作魚片名鸎乳魚

勝肉夾

焯筍蕈同截入胡桃松子和以酒醬香料搽麵作夾子試蕈之法姜數片同煮色不變可食矣

真君粥

杏子煮烂去核，候粥熟同煮，可谓「真君粥」。向游庐山，闻董真君未仙时多种杏①。岁稔②，则以杏易谷；岁歉，则以谷贱粜③。时得活者甚众。后白日升仙。世有诗云：「争似莲花峰下客，种成红杏亦升仙④。」岂必专而炼丹服气⑤？苟有功德于人，虽未死而名已仙矣。因名之。

【注释】①董真君（220—280）：即董奉，又名董平，字君异，号拔墘，三国名医，董奉治病不收钱，只让病愈者在山中栽种杏树。世人将董奉、华佗、张仲景并称为「建安三神医」。

②岁稔（rěn）：年成丰熟。

③粜（tiào）：卖粮食。

④「争似」两句：出自张景的《题董真人》，原诗是：「争似莲花峰下客，栽成红杏上青天。」

⑤服气：一种道家养生延年之术。

【译文】将杏子煮烂后去核，待米粥将熟时倒入杏肉同煮，这就是所谓的「真君粥」。从前我游览庐山时，听闻在董真君尚未成仙之前，曾大量种植杏树。赶上丰收年，他便用杏子换取粮食；若这一年粮食歉收，他便贱卖粮食来救济当地百姓。据说，董真君用这种方法救了很多人的性命。后来他竟然在大白天得道升仙了。因此世间流传着这样一首诗：「争似莲花峰下客，种成红杏亦升仙。」难道只有潜心炼丹或服气才能成仙吗？如果真正能以宽厚的德泽恩惠众生，即使他还活着，也会被世人视为神仙。这种粥也因此得名「真君粥」。

酥黄独

雪夜，芋正熟，有仇芋曰①：「从简②，载酒来扣门。」就供之，乃曰：「煮芋有数法，独酥黄独世罕得之。」熟芋截片，研榧子③、杏仁和酱，拖面煎之，且白侈为甚妙④。诗云：「雪翻夜钵裁成玉，春化寒酥剪作金⑤。」

【注释】①仇：古同「逑」，匹配。仇芋，此处引申为极爱芋头，嗜之如命。

②简：书信。

③榧（fěi）子：香榧的种实。形如橄榄，可榨油，炒熟亦芳香可食。

④「且白」一句：原句文意不解，疑有误，一解为「白」指酒杯，意为酥黄独配上酒，可以痛快饱餐一顿。一解为「白」指不要，意为不要煎过了。

⑤「雪翻」两句：出自作者林洪的《句》，全诗共14字。

【译文】某个雪夜，我刚把芋头煮熟，一位特别爱吃芋头的朋友就来叩门，还说：「按照你信中所言，我带着酒来敲门。」于是我们二人一起享用刚出锅的芋头。朋友说：「芋头有多种煮法，唯独『酥黄独』世间少有。」酥黄独就是将熟芋头切片，然后用研磨后的榧子、杏仁调和成酱，再在芋头上裹一层面糊，将其煎熟，油煎时要注意火候，不要煎过头，这样制成的酥黄独外焦里香，口感最佳。我还特意作诗云：「雪翻夜钵裁成玉，春化寒酥剪作金。」

满山香

陈习庵埙《学圃》诗云①：「只教人种菜，莫误客看花②。」可谓重本而知山林味矣③。仆春日渡湖④，访薛独庵⑤。遂留饮，供春盘⑥，偶得诗云：「教童收取春盘去，城市如今菜色多。」非薄菜也，以其有所感，而不忍下箸也。薛曰：「昔人赞菜，有云『可使士大夫知此味，不可使斯民有此色』，诗与文虽不同，而爱菜之意无以异。」

一日，山妻煮油菜羹，自以为佳品。偶郑渭滨师吕至，供之，乃曰：「予有一方为献：只用莳萝、茴香、姜、椒为末，贮以葫芦，候煮菜少沸，乃与熟油、酱同下，急覆之，而满山已香矣。」试之果然，名「满山香」。比闻汤将军孝信嗜盦菜⑦，不用水，只以油炒，候得汁出，和以酱料盦熟，自谓香品过于禁脔⑧。汤，武士也，而不嗜杀，异哉！

【注释】①陈习庵埙（1197–1241）：即陈埙，字和仲，号习庵，著有《习庵集》。「埙」原文作「填」，据上海涵芬楼《说郛》丛书刻本改。

②「只教」两句：出自陈埙的《句》，全诗共10字，与文中所述的「《学圃》」略有不同。

③重本：以根本大事为重。常指重视农田之事。

④春日：立春之日。

⑤薛：原文作「雪」，据上海涵芬楼《说郛》丛书刻本改。

⑥春盘：古时风俗，立春日以韭黄、果品、饼饵等簇盘为食，或馈赠亲友，称春盘。

⑦盦：原文作「盒」，据上海涵芬楼《说郛》丛书刻本改。

⑧禁脔：比喻独自占有，不容别人分享的东西，也比喻珍美的馔肴。《晋书·谢安传》中有载：晋元帝建立东晋之初，物资匮乏，人们视猪肉为珍品，每有一头猪，群臣都会将猪颈肉进献给晋元帝，群臣认为猪颈肉极其肥美，是难得的珍馐美味，只有晋元帝才配品尝，臣民不敢私自享用。

【译文】陈埙在《学圃》中写道：「只教人种菜，莫误客看花。」真可谓既重视农耕又知晓山林野趣。立春日，我渡湖游玩，前去拜访薛独庵。他留我共饮，端上一道春盘，我赋诗云：「教童收取春盘去，城市如今菜色多。」我如是说，并不是嫌弃盘中尽是蔬菜，而是看到它们有感而发，不忍心动筷子。薛独庵说：「古人称赞这道菜，说：『可以让达官显贵体味菜中本味，却不可以令平民百姓面如菜色』，虽然诗与文风格不同，但爱菜之意没有太大差别。」

一天，妻子在煮油菜羹，我自认为这是上佳的美味。恰好这时郑渭滨师吕来访，我便与他一起享用，他说：「我教你一个制作美食的方法：只用莳萝、茴香、姜、椒研磨成粉，将这些食材装进葫芦里，待到菜煮至微沸时，连同熟油、酱一起放入锅中，并快速盖上锅盖，随即香气四溢，满山飘香。」我如法炮制，果然和他说的一样，于是给它取名「满山香」。近来听闻汤孝信将军特别喜欢吃炖菜，而且炖菜时不另外加水，只用油慢炒，待到炒出菜汁后，再佐以酱料焖炖，汤孝信将军自言这种炖菜比猪颈肉还美味。汤孝信将军是武将出身，但他却并不喜欢杀生害命，真令人感到惊讶！

【南宋】夏圭《松荫观瀑图轴》

酒煮玉蕈

鲜蕈净洗，约水煮。少熟，乃以好酒煮。或佐以临漳绿竹笋①，尤佳。施芸隐枢《玉蕈》诗云②：「幸从腐木出，敢被齿牙和。真有山林味，难教世俗知。香痕浮玉叶，生意满琼枝。饕腹何多幸，相酬独有诗。」今后苑多用酥炙③，其风味尤不浅也。

【注释】①临漳：地名，今河北省邯郸市。

②施芸隐枢：即施枢，字知言，号芸隐，著有《芸隐横舟稿》等。

③炙：烧。

【译文】新鲜的蘑菇洗净，以少量的水将其煮沸。蘑菇初熟时，再倒入好酒同煮。或佐以临漳的绿竹笋增鲜，口感更佳。施枢在《玉蕈》中有云：「幸从腐木出，敢被齿牙和。真有山林味，难教世俗知。香痕浮玉叶，生意满琼枝。饕腹何多幸，相酬独有诗。」如今宫廷中大多配以酥油炙烤后食用，也是别有一番风味。

鸭脚羹

葵①，似今蜀葵。丛短而叶大，以倾阳，故性温。其法与羹菜同。《豳风》六月所烹者②，是也。采之不伤其根，则复生。古诗故有「采葵莫伤根，伤根葵不生」之句。

昔公仪休相鲁③，其妻植葵，见而拔之曰：「食君之禄，而与民争利，可乎？」今之卖饼、货酱、贸钱、市药，皆食禄者，又不止植葵，小民岂可活哉！白居易诗云④：「禄米獐牙稻，园蔬鸭脚葵⑤。」因名。

【注释】①葵：即冬葵，古代重要的蔬菜之一。

②《豳（bīn）风》：《诗经》篇目之一。出自《豳风·七月》，但《豳风·七月》中有载：「六月食郁及薁，七月亨葵及菽。」与本段所述「六月所烹者」略有不同。

③公仪休：春秋鲁国人，官至鲁国国相。以清正廉洁而深受后世称赞。

④白居易（772—846）：字乐天，号香山居士，又号醉吟先生，唐代著名的现实主义诗人，著有《白氏长庆集》等。

⑤「禄米」两句：出自白居易的《官舍闲题》，「葵」原文作「羹」，据上海涵芬楼《说郛》丛书刻本改。

【译文】冬葵，类似于现在的蜀葵。它的株丛矮小，叶片宽大，因喜阳而性温。具体的烹制方法与羹菜相同。据《诗经·豳风》中所记载的六月可烹食的菜肴便是冬葵。采摘冬葵时，要注意不可伤及它的根系，这样便可以再生新芽。因此古诗有「采葵莫伤根，伤根葵不生」的诗句。

从前，公仪休任鲁国国相时，他的妻子便种植冬葵，他看到后将冬葵拔掉说：「食君之禄，而与民争利，这种行为对吗？」如今卖饼的、卖酱的、开钱庄的、卖药的，都是一边吃着国家的俸禄，一边经营生意，不只是种植冬葵谋利这么简单，这让百姓怎么生存！白居易有诗云：「禄米獐牙稻，园蔬鸭脚葵。」冬葵因此得名鸭脚葵。

石榴粉（银丝羹附）

藕截细块，砂器内擦稍圆，用梅水同胭脂染色，调绿豆粉拌之，入鸡汁煮，宛如石榴子状。又，用熟笋细丝，亦和以粉煮，名「银丝羹」。此二法恐相因而成之者，故并存。

【译文】莲藕洗净切成小块，置于砂器内摩擦成稍圆的形状，再用梅子汁和胭脂将其染色，然后加入适量绿豆粉搅拌均匀，将其放入鸡汤中炖煮，这时的藕块无论形状还是颜色，都宛如石榴子一般。又，将熟笋切细丝，同样加入绿豆粉拌匀，放入鸡汤中炖煮，名为「银丝羹」。这两种烹制方法有异曲同工之妙，因此一并记录下来。

广寒糕

采桂英，去青蒂，洒以甘草水，和米舂粉①，炊作糕。大比岁②，士友咸作饼子相馈，取「广寒高甲」之谶③。又有采花略蒸，曝干作香者，吟边酒里，以古鼎燃之，尤有清意。童用琚师禹诗云：「胆瓶清气撩诗兴，古鼎余葩晕酒香」，可谓此花之趣也。

【注释】①舂（chōng）：把东西放在石臼或钵里捣去皮壳或捣碎。

②大比岁：举行科举考试之年。

③广寒高甲：比喻科举高中，即金榜题名，蟾宫折桂之意。谶（chèn）：迷信的人指将要应验的预言、预兆。

【译文】将采摘下来的桂花去掉青色的花蒂，洒一层甘草水，和大米一起舂成米粉，制成桂花糕。每到举行科举考试时，士友们都会制作这种糕饼彼此馈赠，取「金榜题名」的美意。又，有人将桂花采下，微微蒸制后晒干，制成香料，吟诗饮酒之际，在身旁的古鼎中点燃此香，尤有一番清雅的意境。童用瑶师禹有诗云：「胆瓶清气撩诗兴，古鼎余葩晕酒香。」诗中所描绘的正是桂花之趣。

河祇粥

《礼记》：「鱼干曰薧。」①古诗有「酌醴焚枯②」之句。南人谓之鲞③，多煨食，罕有造粥者。比游天台山，有取干鱼浸洗，细截，同米粥，入酱料，加胡椒，言能愈头风，过于陈琳之檄④。亦有杂豆腐为之者。《鸡跖集》云：「武夷君食河祇脯，干鱼也。」⑤因名之。

【注释】①《礼记》：儒家经典之一，由西汉戴圣编撰整理，共49篇。薧（kǎo）：干的食物。

②酾醴（lǐ）焚枯：喝甜酒，吃烤鱼。出自应璩的《百一诗》：「前者隳官去，有人适我闾。田家无所有，酾醴焚枯鱼。」酾醴，酾酒。焚枯，烤煮干鱼。

③鲞（xiǎng）：剖开晾干的鱼。

④陈琳之檄：即陈琳所著的《为袁绍檄豫州文》。陈琳，字孔璋，建安七子之一。据记载在官渡之战前夕，陈琳为袁绍呈上一篇声讨曹操的檄文，当时曹操正因头风发作，卧病在床，但曹操看完陈琳所作的檄文后，大为惊惧，突然从床上起身，头风病就好了。

⑤《鸡跖集》三句：据《事物异名录·饮食·干鱼》引宋朝王子韶《鸡跖集》：「武夷君食河祇脯。」原注：「乾鱼也。」

【译文】据《礼记》记载：「干鱼也称为薧。」古诗中有「品甜酒，吃烤鱼」的说法。南方人将干鱼称为鲞，大多是煨熟后食用，很少有人用干鱼煮粥的。近来我在天台山游览，见到有人将干鱼浸泡后洗净，切成细丝，同米一起煮粥，再加入酱料和胡椒增香提鲜，据说这种吃法可以治愈头风病，甚至胜过陈琳的檄文。也有人配以豆腐同食。《鸡跖集》中有载：「武夷君所食用的河祇脯，其实说的就是干鱼。」这种粥也因此得名「河祇粥」。

松玉

文惠太子问周颙曰①：「何菜为最？」颙曰：「春初早韭，秋末晚菘②。」然菘有三种，惟白于玉者甚松脆，如色稍青者，绝无风味。因侈其白者曰「松玉」③，亦欲世之食者有所取择也。

【注释】①文惠太子（458—493）：即萧长懋（mào），南齐太子，字云乔，小字白泽，齐武帝萧赜之子，但萧长懋尚未即位就已病逝，谥号文惠太子。周颙（yóng）：字彦伦，南宋、齐文学家，著有《三宗论》等。

②菘（sōng）：白菜。

③侈：夸大。

【译文】文惠太子问周颙说：「哪种蔬菜为百菜之最？」周颙答：「初春的头茬韭菜，暮秋的晚熟菘菜。」然而菘菜分为三种，只有那种洁白如玉的菘菜口感特别松脆，若是色泽稍青的菘菜，就没有这样的口感了。因此有人夸张地将洁白如玉的菘菜称为「松玉」，也是想让世人在食用菘菜时有所选择。

雷公栗

夜炉书倦，每欲煨栗，必虑其烧毡之患。一日马北鄽逢辰曰：「只用一栗醮

【南宋】夏圭《高士观花图》

油，一栗蘸水，置铁铫内，以四十七栗密覆其上，用炭火燃之，候雷声为度。」偶一日同饮，试之果然，且胜于沙炒者。虽不及数，亦可矣。

【译文】每当我围炉夜读，感到疲倦时，都想吃煨栗子，可是又怕滚烫的栗子烧坏毛毡。一天，马逢辰教我一种新吃法：「只需将一个栗子蘸油，一个栗子蘸水，同时放入铁锅中，再放入四十七枚生栗，将盖子盖严实，放在炭火上烧，待到铁锅中发出如雷的响声后栗子便熟了。」一天，我二人共饮，按他所说如法炮制，果然很好吃，而且味道胜过沙炒的栗子。即使烧制的栗子数量有些不足，但也可以接受。

东坡豆腐

豆腐，葱油煎，用研榧子一二十枚，和酱料同煮。又方，纯以酒煮。俱有益也。

【译文】豆腐，放入葱油中文火慢煎，将十二枚香榧子研碎，调和酱料与豆腐同煮。又，另一种方法是，只用酒煮豆腐。两种烹制方法都极具补益功效。

碧筒酒

暑月，命客泛舟莲荡中，先以酒入荷叶束之，又包鱼鲊它叶内①。俟舟回，风薰日炽，酒香鱼熟，各取酒及酢，真佳适也。坡云：「碧筒时作象鼻弯，白酒微带荷心苦②。」坡守杭时，想屡作此供用。

【注释】①鱼鲊（zhǎ）：腌鱼，糟鱼。

②「碧筒」两句：出自苏轼的《泛舟城南会者五人分韵赋诗得人皆若炎字四首》。「时」原文作「诗」，「带」原文作「蒂」，据上海涵芬楼《说郛》丛书刻本改。

【译文】夏季最为炎热的月份，邀请宾客一起泛舟于荷花荡中，先用荷叶盛装美酒，并将开口处束好，再用荷叶将鱼鲊包好。待到小船回转，南风轻徐、日光炽烈时，酒香鱼熟，宾客们各自取荷叶酒和鱼酢享用，惬意至极。苏东坡有诗云：「碧筒时作象鼻弯，白酒微带荷心苦。」可见他在任杭州太守时，经常享用这道碧筒酒。

罂乳鱼

罂中粟净洗，磨乳。先以小粉置缸底①，用绢囊滤乳下之，去清入釜②，稍沸，亟洒淡醋收聚③。仍入囊，压成块，仍小粉皮铺甑内，下乳蒸熟。略以红曲水洒，又少蒸取出。切作鱼片，名「罂乳鱼」。

【注释】①小粉：用小麦、葛根、番薯等提出的淀粉。

②釜（fǔ）：古时的一种锅。

③亟（jí）：迅速，急迫。

【译文】将罂粟洗净，研磨出乳浆。先在缸底铺洒一层小粉，再用绢囊将罂粟的乳浆过滤去渣，过滤后的粉浆经过沉淀，倒掉表层的清水，将剩余的粉浆倒入锅中，微沸时，快速淋入一些淡醋收汁，使其收拢凝结。然后依旧装入绢囊中，压制成乳块，再在蒸锅内铺洒一层小粉，依次码入压好的乳块蒸熟。在乳块的表面轻洒少许红曲水，再蒸制片刻取出。将蒸制成型的乳块切成鱼片状，名为「罂乳鱼」。

胜肉餗

焯笋、蕈①，同截，入松子、胡桃，和以油、酱、香料，搜面作餗子②。试蕈之法：姜数片同煮，色不变，可食矣。

【注释】①蕈：原文作「簟」，据上海涵芬楼《说郛》丛书刻本改。

②餗子：一种有馅的食物，类似现在的饺子、馅饼一类的食物。

【译文】预先将竹笋和蘑菇用开水汆烫后剁碎，加入松子、核桃仁，再佐以油、酱、香料调和入味，然后和面制作餗子。测试蘑菇是否有毒的方法：取几片姜与蘑菇同煮，若蘑菇不变色，则可放心食用。

【南宋】夏圭《雪屐探梅图轴》

木魚子

坡詩贈君木魚三百尾中有鵝黄子魚子春時剝椶魚蒸熟與筍同法蜜煮酢浸可致千里蜀人供物多用之

自愛淘

炒葱油用純滴醋和糖醬作虀或加以豆腐及乳候麵熟過水作茵供食真一補藥也

忘憂虀

嵇康合歡蠲忿萱草忘憂崔豹古今註則曰丹棘又名鹿葱春采苗湯瀹以醯醬爲虀或造以肉何處順寧六

合時多食此毋乃以邊事未寧而憂未忘耶因贊之曰
春日載陽采萱于堂天下樂兮憂心乃忘

琅玕脯

萵苣去葉皮寸切瀹以沸湯搗薑鹽熟油醋拌漬之頗
甘脆杜甫種此二旬不甲坼且嘆君子得微祿轗軻不
進猶芝蘭困荆杞以是知詩人非為口腹之奉實有感
而作也萵筍本草秋後其味勝苹道家羞為白脯今作

大臠用鹽酒香料淹少頃取羊漫脂包裹猛火炙熟去
脂擘食

當團參

白匾豆溫無毒和中下氣爛炒其味甘今取葛天民爛炊白扁豆便當紫團參之句名之

梅花脯

山栗橄欖薄切同食有梅花風韻名梅花脯

牛尾貍

本草斑如虎者最如貓者次之肉主治病法去皮并腸腑用紙揩淨以清酒淨洗入椒葱茴蘿于其內縫密蒸去料物壓隔宿薄切如玉雪天爐畔伴詩配酒真奇物

也故東坡有雪天牛尾之咏或紙裹糟一宿者佳楊誠齋詩云誤隨齊相燧牛尾策勳封作糟邱子南人或以為膾形如黄狗鼻尖而尾大者狐也其性亦温可去風補勞臘月取膽醫暴亡者以温水調灌之即愈

金玉羹

山藥與栗各片截以羊汁加料煮名金玉羹

杏煮羊

羊作臠寘砂鍋内除葱椒外有一秘法只用槌真杏仁數枚活火煮之至骨亦糜爛每惜此法不逢漢時一關

内侯何足道哉

牛蒡脯

孟冬後采根去皮淨洗煮毋失之過槌匾壓以鹽醬茴蘿薑椒熟油諸料研細一兩火焙乾食之如肉脯之味

筍與蓮脯同法

牡丹生菜

憲聖喜清儉不嗜殺每令後苑進生菜必采牡丹片和之或微麵裹煨之以酥又將收楊花為鞵襪氊褥之屬姪恭僖每治生菜必于下取落花以雜之其香又可知

之

不寒齏

法用極清麵湯截菘葉和薑椒茴蘿欲亟熟則以一盃元齏和之

醒酒菜

米泔浸瓊芝菜暴以日頻攪候白淨洗擣爛熟煮取出投梅花十數瓣候凍薑橙為芝齏供

豆黄羹

豆麵細暴乾入醬鹽煮為佳第此二品獨泉有之如止

用宅菜及醬汁亦可惟欠風韻耳

菊苗煎

春遊西馬會張將使元耘軒留飲命子之菊田賦詩作墨蘭元甚喜數杯後出菊煎法采苗湯瀹用甘草水調山藥粉煎之以油爽然有楚畹之風張深于學者亦謂菊以紫莖為正云

胡麻酒

舊聞有胡麻飯未聞有胡麻酒盛夏張整齋招飲竹閣正午飲一巨觥清風颯然絶無暑氣其法漬麻子二升

煎熟罯炒加生薑二兩生龍腦葉一撮同入炒細研投

以煮醞五升濾查去水浸之大有所益因賦之曰何須

便覓胡麻飯六月清涼却是仙本草名巨勝云桃源所

有胡麻即此物也恐虛誕者自異其說云

茶供

茶即藥也煎服則去滯而化食以湯點之則反滯膈而

損脾胃葢市利者多取他葉雜以為末人多怠于煎服

宜有害也今法采芽或用碎擘以活水煎之飲後必少

頃乃服坡公詩云活水須將活火烹又云飯後茶甌未

要深此煎之法也陸羽亦以江水為上山與井俱次之
今世不惟不擇水具又入鹽及茶果殊失正味不知唯
葱去昏梅去倦如不昏不倦亦何必用古之嗜茶者無
如玉川子未聞煎斅如以湯點則安能及七碗乎山谷
詞云湯響松風早減了七分酒病倘知此味口不能言
心下快活自省之禪遠矣

木鱼子

坡云：「赠君木鱼三百尾，中有鹅黄子鱼子①。」春时，剥棕鱼蒸熟②，与笋同法。蜜煮酢浸③，可致千里。蜀人供物多用之④。

【注释】①「赠君」两句：出自苏轼的《棕笋》。「子鱼子」原文作「木鱼子」，据上海涵芬楼《说郛》丛书刻本改。

②棕鱼：棕榈的花苞。因其中细子成列犹如鱼子，故称。

③酢（zuò）：醋。

④供物：祭祀神佛祖宗用的酒食瓜果等物品。

【译文】苏东坡有诗云：「赠君木鱼三百尾，中有鹅黄子鱼子。」春季，剥开棕榈花苞，取出鱼子状花蕊上锅蒸熟，烹制方法大致与竹笋的加工方式相同。蒸熟后的花蕊，用蜂蜜熬煮后浸渍于醋中，经过加工的棕鱼即使远行千里也不会变质。四川人在烹饪时经常会用到它。

自爱淘

炒葱油，用纯滴醋和糖、酱作齑，或加以豆腐及乳饼。候面熟过水，作茵供食，真一补药也。食，须下热面汤一杯。

【译文】先用香葱炒制一些葱油，再用少许醋和糖、酱调成卤汁，也有在卤汁中加入豆腐和乳饼的。另起锅煮面条，待到面条煮熟后捞出过凉，将凉面放在容器底部，面头浇上卤汁即食，这道美食着实算得上是一剂滋补良药。食用时，还要搭配一碗热面汤。

忘忧齑

稽康云①：「合欢蠲忿，萱草忘忧②。」崔豹《古今注》则曰「丹棘」③，又名鹿葱。春采苗，汤焯过，以酱油、滴醋作为齑，或燥以肉。何处顺宰六合时④，多食此。毋乃以边事未宁，而忧未忘耶？因赞之曰：「春日载阳，采萱于堂。天下乐兮，其忧乃忘。」

【注释】①稽康（224—263）：字叔夜，三国时期思想家、音乐家、文学家。竹林七贤之一，著有《声无哀乐论》《养生论》等。

②「合欢」两句：出自稽康的《养生论》。蠲（juān）忿，消除忿怒。

③崔豹：字正雄，著有《古今注》。《古今注》是一部诠释古代各类事物的著作。

④六合：天下。

【译文】稽康云：「合欢可以消除忿怒，萱草可以忘却烦忧。」崔豹在《古今注》中将萱草称为「丹棘」，又名鹿葱。春季采摘萱草的嫩苗，焯水后佐以酱油和少许醋调味，即可食用，或与肉同炒制成肉臊。何处顺任宰相期间，经常食用萱草。难道是因为边境常有外敌入侵不得安宁，而心中烦忧无法释怀吗？因此，我赞美萱草为：「春日载阳，采萱于堂。天下乐兮，其忧乃忘。」

脆琅玕①

莴苣去叶、皮，寸切，瀹以沸汤，捣姜、盐、糖、熟油、醋拌，渍之，颇甘脆。杜甫种此，旬不甲坼②。且叹：「君子脱微禄，坎坷不进，犹芝兰困荆杞③。」以是知诗人非有口腹之奉，实有感而作也。

【注释】①琅玕（gān）：似玉的美石，翠竹的美称。

②甲坼（chè）：草木发芽时种子外皮裂开。「坼」原文作「拆」，据上海涵芬楼《说郛》从书刻本改。

③芝兰：芝草和兰草，古时比喻君子德操之美或友情、环境的美好等。荆杞：荆棘和枸杞，皆带钩刺，每视为恶木。因亦用以形容蓁莽荒秽、残破萧条的景象。

【译文】莴苣去除叶子和表皮后，切成一寸见方的小块，用开水浸煮，姜捣碎加入盐、糖、熟油、醋调成酱汁，将煮熟的莴苣块倒入酱汁中腌渍入味，吃起来甘鲜脆爽，口感极佳。杜甫曾经尝试种植莴苣，但过了十天莴苣也迟迟没有发芽。于是他感叹道：「君子失去了微薄的俸禄，仕途坎坷，人生不得志，就如同芝兰受困于荆棘从中。」由此可见，杜甫并非单纯为了满足口腹之欲，事实上他是借物言志，有感而发。

炙獐

本草：「秋后，其味胜羊。」道家羞为白脯①，其骨可为獐骨酒②。今作大脔③，用盐、酒、香料淹少顷，取羊脂包裹，猛火炙熟，擘去脂，食其獐。麂同法④。

【注释】①羞：熟的食物。白脯：淡干肉。

②獐：哺乳动物，又称牙獐，形状像鹿，毛较粗，头上无角，皮可制革。

③大脔：大块肉。

④麂（jǐ）：哺乳动物，像鹿，善于跳跃，皮可制革。

【译文】据本草记载：「每年秋收之后，正是獐子肉最好吃的季节，味道甚至胜过羊肉。」道家将加工后的獐子肉制成白脯，骨头可以泡制獐骨酒。如今的烹制方法是将獐子肉切大块，用盐、酒、香料腌渍片刻，再用羊油包裹，猛火将獐子肉烤熟，然后把表层的羊脂剖开，食用里面的獐子肉。麂子肉也用同样的方法烹制。

【南宋】夏圭《山居留客图》

当团参

白扁豆，北人名鹊豆。温、无毒，和中下气①。烂炊，其味甘。今取葛天民诗云「烂炊白扁豆，便当紫团参」之句，因名之。

【注释】①和中下气：调和中焦脾胃之气，使得胃气顺利下行。

【译文】白扁豆，北方人称之为鹊豆。性温、无毒，具有和中下气之功效。将白扁豆煮至烂熟后食用，口感绵密，味道甘甜。现代人根据葛天民的「烂炊白扁豆，便当紫团参」的诗句，称白扁豆为「当团参」。

梅花脯

山栗、橄榄薄切，同拌加盐，同食，有梅花风韵，因名「梅花脯」。

【译文】将山栗、橄榄切薄片，搅拌均匀，再加入适量盐提味，吃起来极具梅花的香韵，因此得名「梅花脯」。

牛尾狸①

本草云：「斑如虎者最②，如猫者次之。肉主疗痔病③。」法：去皮，取肠腑，用纸揩净，以清酒洗。入椒、葱、茴香于其内，缝密，蒸熟。去料物，压宿，薄片切如玉。雪天炉畔，论诗饮酒，真奇物也。故东坡有「雪天牛尾」之咏④。或纸裹糟一宿⑤，尤佳。杨诚斋诗云：「狐公韵胜冰玉肌，字则未闻名季狸。误随齐相燧牛尾，策勋封作糟丘子⑥。」

南人或以为绘形如黄狗，鼻尖而尾大者，狐也。其性亦温，可去风补劳⑦。腊月取胆，凡暴亡者，以温水调灌之，即愈。

【注释】①牛尾狸：狸的一种，肉质鲜美。

②斑：原文作「班」，据上海涵芬楼《说郛》从书刻本改。

③痔病：痔疮。

④「故东坡」一句：是指苏东坡所作的《送牛尾狸与徐使君》一诗。

⑤糟：以酒或酒糟渍物。

⑥「狐公」四句：出自杨万里的《牛尾狸》。「肌」原文作「腑」，据上海涵芬楼《说郛》从书刻本改。

⑦去风补劳：祛除风邪，补益劳损。

【译文】据本草记载：「花纹像老虎的牛尾狸品相最佳，花纹像猫的牛尾狸则相对差一些。牛尾狸肉主治痔疮。」具体烹制方法：剥去牛尾狸的皮毛，取出内脏，用纸将腹腔擦干净，再用清酒清洗干净。将椒、葱、茴香等香料放入其腹腔内，缝合后上锅蒸熟。食用前，再次打开腹腔，取出各种调料，将蒸熟的狸肉压制一夜，次日，将其切成剔透如玉的薄片。雪天围炉取暖，吟诗饮酒时食用，真可谓是一道鲜美奇绝的下酒菜。因此，苏东坡才有「雪天牛尾」的赞叹之词。若是能用纸包裹酒糟，将狸肉腌渍一晚，味道更好。杨万里有诗云：「狐公韵胜冰玉肌，字则未闻名季狸。误随齐相燧牛尾，策勋封作糟丘子。」

有的南方人则认为，图画中形似黄狗，鼻子尖、尾巴大的动物是狐狸。狐狸属性同样温和，可祛风补劳。腊月时取出狐狸胆，对于突发疾病的将死之人，用温水调和狐狸胆汁后灌下，立刻便可痊愈。

金玉羹

山药与栗各片截，以羊汁加料煮，名「金玉羹」。

【译文】山药与板栗切片，与佐以香料的羊肉汤同煮，名为「金玉羹」。

山煮羊

羊作脔，置砂锅内。除葱、椒外，有一秘法：只用搥真杏仁数枚，活火煮之①，至骨糜烂。每惜此法不逢汉时，一关内侯何足道哉②！

【注释】①活火：明火，有火苗的火。

②「每惜」两句：据《后汉书·刘玄传》中记载，更始帝委政于赵萌，赵萌专权，行为放纵，所提拔的官员都是些市井小民，商贩厨子，他们在道路中嬉笑怒骂，因而长安城中流传着一句俗语以讽刺当时的时局：「灶下养，中郎将。烂羊胃，骑都尉。烂羊头，关内侯。」

【译文】羊肉切块后置于砂锅中慢炖。除了佐以葱、椒之外，烹制的关键还有一个秘方：只需加入几枚捣碎的真杏仁，明火炖煮，这样就连骨头都能煮烂。我常叹息这种烹制羊肉的方法没在汉朝出现，否则区区一个关内侯又何足称道呢！

牛蒡脯①

孟冬后②，采根，净洗，去皮煮，毋令失之过。搥扁压干，以盐、酱、茴、萝③、姜、椒、熟油诸料研，浥一两宿④，焙干。食之，如肉脯之味。笋与莲脯同法⑤。

【注释】①牛蒡：二年生草本植物。根与种子可入药，有清热解毒之效，根与嫩叶可作为蔬菜食用。「蒡」原文作「旁」，据上海涵芬楼《说郛》丛书刻本改。

②孟冬：冬季的第一个月，即农历十月。

③萝：即莳萝。

④浥：湿润，这里引申为浸泡。

⑤笋：原文作「苟」，意不可解，据上海涵芬楼《说郛》丛书刻本改。

【译文】农历十月过后，将采回的牛蒡根洗净，削去表皮后熬煮，切忌煮过头。将煮好的牛蒡捶扁并榨出多余水分，把研磨好的盐、酱、茴香、莳萝、姜、椒、熟油等调料搅拌均匀，包裹着牛蒡浸泡一两个晚上，入味后焙干。加工后的牛蒡吃起来和肉脯的味道一样。笋与莲脯也可以用同样的方法烹制。

牡丹生菜

宪圣喜清俭①，不嗜杀。每令后苑进生菜，必采牡丹瓣和之。或用微面裹，炸之以酥。又，时收杨花为鞵、韈、褥之属②。姓恭俭③，每至治生菜，必于梅下取落花以杂之，其香犹可知也。

【注释】①宪圣：即宪圣皇后吴氏，宋高宗赵构第二任皇后。是历史上在位最长的皇后之一。八十三岁去世，谥号宪圣慈烈皇后，葬于永思陵。

②杨花：柳絮。鞵：同「鞋」。韈：同「袜」。

③姓：应为「性」。

【译文】宪圣皇后崇尚清俭，不喜杀生。素日里总是吩咐后宫御厨在烹制生菜时，一定要在其中夹杂一些牡丹花瓣。或是在生菜表面薄薄裹一层面粉，炸至酥脆后再食用。又，宪圣皇后还时常收集柳絮，以备缝制鞋、袜、被褥时使用。宪圣皇后生性恭俭，每次烹制生菜时，都会命人在梅花树下拾取一些落花夹杂在菜中，其香气可想而知。

不寒齑

法：用极清面汤，截菘菜，和姜、椒、茴、萝。欲极熟，则以一杯元齑和之①。又，入梅英一掬②，名「梅花齑」。

【注释】①元齑：指腌菜的老汤。

②掬：一捧。

【译文】不寒齑的烹制方法：在极澄清的面汤中放入切好的菘菜，再加入姜、椒、茴香、莳萝增香调味。若是想将菘菜煮得极为软烂，那就再倒入一碗腌菜的原汤。又，在面汤中加入一捧梅花，名为「梅花齑」。

素醒酒冰

米泔浸琼芝菜①，曝以日。频搅，候白洗，捣烂。熟煮取出，投梅花十数瓣。候冻，姜、橙为鲙齑供。

【注释】①琼芝菜：又称石花菜，盛产于沿海地区。可提炼琼脂。石花菜煮至融化，冷却后可制成果冻。

【译文】经淘米水浸泡过的琼芝菜，在日光下曝晒。晒的过程中要不停翻搅，直到琼芝菜呈现白色时将其洗净，捣烂，熬煮。煮至融化后将汁液盛出，并在汁液中投入十几瓣梅花。待到汁液逐渐冷却，凝结成冻，再加入姜、橙子提鲜，制成鲙齑食用。

豆黄签

豆面细茵，曝干藏之。青芥菜心同煮为佳。第此二品，独泉有之①。如止用他菜及酱汁亦可，惟欠风韵耳。

【注释】①泉：指泉州。

【译文】将豆磨粉，和成面团，擀成薄如纸张的面皮，切成细丝，制作成豆签铺开，晒干后贮存起来。食用时，与青芥菜心同煮，口感最好。可是这两样食材，仅盛产于泉州。如果用其他菜酱汁代替也可以，只是风味稍逊一筹罢了。

菊苗煎

春游西马塍①，会张将使元耕轩，留饮。命予作《菊田赋》诗，作墨兰。元甚喜，数杯后，出菊煎。法：采菊苗，汤瀹，用甘草水调山药粉，煎之以油。爽然有楚畹之风②。张，深于药者，亦谓「菊以紫茎为正」云。

【注释】①西马塍（chéng）：地名。今浙江省余杭县。宋朝以产花著名。②爽然：爽快舒畅。楚畹（wǎn）：出自《楚辞·离骚》：「余既滋兰之九畹兮，又树蕙之百畮。」后泛指兰圃。

【译文】我在西马塍春游时，恰巧遇到将使张元，他留我共饮。席间，张元请我作了一篇《菊田赋》，又画了一幅墨兰。张元十分高兴，畅饮数杯后，端上来一道菊苗煎。具体烹制方法：采适量菊苗，用开水煮熟，再加入用甘草水调和的山药粉，油煎即成。这道菊苗煎吃起来清爽利口，大有兰圃之风韵。张元精通药理，也说「菊花以紫茎最为纯正」。

【南宋】马远《江荫读书图页》

胡麻酒

旧闻有胡麻饭①，未闻有胡麻酒。盛夏，张整斋赖招饮竹阁。正午，各饮一巨觥，清风飒然②，绝无暑气。其法：赎麻子二升③，煮熟略炒，加生姜二两，龙脑薄荷一握，同入砂器细研。投以煮酒五升，滤渣去，水浸饮之，大有益。因赋之曰：「何须更觅胡麻饭，六月清凉却是渠。」本草名「巨胜子」。桃源所饭胡麻④，即此物也。恐虚诞者自异其说云⑤。

【注释】①胡麻：芝麻。

②飒然：形容风吹时沙沙作响。

③赎：用财物换回抵押品，这里指购买。

④「桃源」一句：据《太平广记》记载，东汉的刘晨、阮肇前往天台山采药，不慎迷路，巧遇两位女仙，邀请他们吃胡麻饭、牛肉等佳肴。

⑤虚诞：荒诞无稽。

【译文】从前我只听说过胡麻饭，从未听说有胡麻酒。盛夏的一天，张整斋赖在竹阁设宴，邀我共饮。正午时分，我们各饮一大觥胡麻酒后，顿时感觉清风袭来，暑气尽消。具体制作方法：买胡麻两升，煮熟后微微炒制，然后与生姜二两、一把龙脑薄荷一起倒入砂器中细细研磨。再将五升煮好的酒倒入胡麻碎中，滤掉渣滓即成，将制好的胡麻酒浸泡在水中冷却后饮用，极具补益功效。因而我作诗道：「何须更觅胡麻饭，六月清凉却是渠。」据本草记载，胡麻又名「巨胜子」。桃源仙境中所吃的胡麻饭，说的正是此物。因担心有人故弄玄虚，将胡麻说成是其他东西，所以特此说明。

茶供

茶即药也。煎服，则去滞而化食。以汤点之，则反滞膈而损脾胃。盖世之利者，多采他叶杂以为末①，既又怠于煎煮，宜有害也。

今法：采芽，或用碎萼，以活水火煎之。饭后，必少顷乃服。东坡诗云：「活水须将活火烹②」，又云：「饭后茶瓯未要深③」，此煎法也。陆羽《经》亦以「江水为上，山与井俱次之」④。今世不惟不择水，且入盐及茶果，殊失正味。不知惟有葱去昏，梅去倦，如不昏不倦，亦何必用？古之嗜茶者，无如玉川子⑤，惟闻煎吃。如以汤点，则又安能及也七碗乎？山谷词云：「汤响松风，早减了、七分酒病⑥。」倘知此，则口不能言，心下快活，自省如禅参透。

【注释】①「多采」一句：原文作「多采叶杂以为末」，据上海涵芬楼《说郛》丛书刻本改。

②「活水」一句：出自苏东坡的《汲江煎茶》。原诗是：「活水还须活火烹」。

③「饭后」一句：出自苏东坡的《佛日山荣长老方丈五绝》，原诗是：「食罢茶瓯未要深」。

④陆羽《经》：指的是陆羽所著的《茶经》。陆羽（733–804），字鸿渐，唐代茶学家，有「茶圣」的美誉。《茶经》是现存最早、最完整、最全面的关于茶的第一部专著，

被誉为茶叶百科全书。但《茶经》中记载的是「其水用山水上，江水中，井水下。」与文中所述略有不同。

⑤玉川子（795–835）：即卢仝，自号玉川子，唐代诗人。世人尊称其为「茶仙」。著有《茶谱》等，卢仝所写的《走笔谢孟谏议寄新茶》诗中的第三部分即为《七碗茶诗》，内容是：「一碗喉吻润，二碗破孤闷。三碗搜枯肠，唯有文字五千卷。四碗发轻汗，平生不平事，尽向毛孔散。五碗肌骨清。六碗通仙灵。七碗吃不得也，唯觉两腋习习清风生。」

⑥「汤响」三句：出自黄庭坚的《品令·茶词》。原诗是：「汤响松风，早减了、二分酒病。」

【译文】茶也是一种药材。水煎服，则可消滞化食。开水冲泡，反而会因食物积滞导致腹胀而对脾胃造成损伤。那些以茶牟利的商贩，大多用采摘的老叶混杂在茶叶末中贩卖，饮茶的人又懒得煎煮，这样饮茶反而对身体有害。

如今的煎茶方法：采茶树的嫩芽或者碎萼，用活水经明火煎煮。饭后，一定要稍等片刻后再饮茶。苏东坡有诗云：「活水须将活火烹」，又说：「饭后茶瓯未要深」，说的就是正确的煎茶、饮茶方法。陆羽在《茶经》中也提到「用江水煎茶为佳，山泉与井水次之」。现代人不仅不讲究煎茶的水，而且煎茶时还要加一些盐或茶果，着实是有失茶的本味。世人不知唯有葱可以去昏，梅子可解疲倦，倘若不昏不倦，又何必食用这些东西呢？在古代，没有比玉川子更爱茶的人了，尽管如此，也只是听闻他用煎煮的方法饮茶。如果是用开水冲泡，那么他又怎能喝下七碗呢？山谷道人有词云：「汤响松风，早减了七分酒病。」如果他深谙茶道，即使口不能言，心里也是快活自在的，犹如参透了禅理一般通达明了。

新丰酒法①

初用面一斗、糟醋三升、水二担，煎浆。及沸，投以麻油、川椒、葱白，候熟，浸米一石。越三日，蒸饭熟，乃以元浆煎强半②，及沸，去沫。又投以川椒及油③，候熟注缸面。入斗许饭及面末十斤、酵半升。既晓，以元饭贮别缸，却以元酵饭同下，入水二担、曲二斤，熟踏覆之。既晓，搅以木摆。越三日止，四五日，可熟。

其初余浆，又加以水浸米，每值酒熟，则取酵以相接续，不必灰其曲④，只磨麦和皮，用清水搜作饼，令坚如石。初无他药，仆尝从危巽斋子骖之新丰，故知其详⑤。危居此时，尝禁窃酵，以颛所酿；戒怀生粒，以全所酿⑥；且给新屦⑦，以洁所酿⑧。酵诱客舟，以通所酿。故所酿日佳而利不亏。是以知酒政之微，危亦究心矣⑨。

昔人《丹阳道中》诗云：「乍造新丰酒，犹闻旧酒香。抱琴沽一醉，尽日卧斜阳⑩。」正其地也。沛中自有旧丰，马周独酌之地⑪，乃长安效新丰也⑫。

【注释】①新丰：位于今陕西省临潼县东北。

②强半：大半。

③投：原文作「没」，据上海涵芬楼《说郛》丛书刻本改。

【南宋】马远《溪山无尽图》

④灰：碎裂。

⑤故知其详：原文作「之故知其详」，疑衍，据上海涵芬楼《说郛》从书刻本改，删「之」字。

⑥全：原文作「金」，据上海涵芬楼《说郛》从书刻本改。

⑦屦（jù）：古时用麻葛制成的一种鞋。原文作「屡」，据上海涵芬楼《说郛》从书刻本改。

⑧以沽所酿：原文作「以沽所所酿」，疑衍，据上海涵芬楼《说郛》从书刻本改，删「所」字。

⑨究心：专心研究。

⑩「乍造」四句：出自陈存的《丹阳作》，一说为朱彬所作。原诗为：「暂入新丰市，犹闻旧酒香。抱琴沽一醉，尽日卧垂杨。」

⑪马周（601–648）：字宾王，唐代官员。马周前往长安途中，暂住在新丰的旅店，独饮一斗八升酒，店主惊异不已。著有《上太宗疏》《陈时政疏》等。

⑫「乃长安」一句：据记载，汉高祖刘邦定都长安，将其父亲太上皇接入宫中，但太上皇思乡心切，闷闷不乐，刘邦便为太上皇依照故乡丰邑（今江苏省丰县）的街巷房舍，在长安建造了新丰，因而将故乡的丰邑称为旧丰。

【译文】先用一斗面、三升糟醋和两担水，煎煮面浆。待到面浆沸腾后，加入麻油、川椒、葱白同煮，等面浆煮熟后，将一石米浸入其中。三天后，将米蒸熟，取一大半元浆进行煎煮，沸腾后去掉浮沫。在煮好的元浆中再次加入川椒和麻油，煮后倒入缸中。在缸中放入一斗左右的熟米以及十斤面粉、半升酵母。次日，将剩下的元饭盛入其他缸内，同时倒入之前添加了酵母的元酵饭，加入两担水、两斤酒曲，经过充分踩踏后将其封好。再次日，用木棍翻搅使其上下均匀。如此翻搅三天后便可以静置了，大约经过四五天后，佳酿即成。

在之前剩下的一少半元浆中，再次倒入生米浸泡，每次酒酿好之后，继续取酵母进行酿造，无需捣碎酒曲，只需将麦和皮磨碎，用清水揉成坚硬如石的面饼即可。最初开始酿酒时，没有其他可替代的酵母，我曾跟随危稹的儿子危骖前往新丰，因此比较了解。危稹从前在此居住时，曾禁止盗窃酵母，以确保自家酿的酒独一无二；禁止在酿造时掺杂生米，以确保酒的品质；并且为酿酒工人提供新鞋，以确保酒质醇厚。他家酿的酒吸引来众多客人，大家纷纷乘船前去购买。因此酒酿得越来越好，赚取的利润也不少。由此可知，即便是酿酒过程中最细微的环节，都是经过危稹潜心研究的。

从前有人在《丹阳道中》中写道：「乍造新丰酒，犹闻旧酒香。抱琴沽一醉，尽日卧斜阳。」诗中提到的新丰，正是此地。原本沛县有个地方名为旧丰，而马周独酌之地，则是长安效仿旧丰建造的新丰。

山家清事 林洪

相鶴訣

鶴不難相人必清於鶴而後可以相鶴矣夫頂丹頸碧毛羽瑩潔頸纖而脩身聳而正足癯而節高頗類不食烟火人廼可謂之鶴望之如鴈鶩鵝鸛然斯為下矣養以屋必近水竹給以料必備魚稻蓄以籠飼以熟食則塵濁而乏精采豈鶴俗也人俗之耳欲教以舞俟其餒而寘食於濶遠處拊掌誘之則奮翼而唳若舞狀久則聞拊掌而必起此食化也豈若仙家和氣自然之感召

哉今仙種恐未易得唯華亭種差强耳

種竹法

岳州風土記文心雕龍皆以五月十三日為生日齊民要術則以八月八日為醉日亦為迷日俱有可疑比得之老園丁曰種竹無時認取南枝又曰莫教樹知先鉏地令鬆且潤沃以渠泥及馬糞急移竹多帶宿土本者種之勿蹈以足若换葉姑聽之勿遽拔去又有二秘法迎陽氣則取季冬順土氣則取雨時若慮風則去梢而縛架連數根種則易生筍過此謂有他法者難矣哉

酒具

山徑必以蹇驢載酒詎容無具舊有偏提猶今酒鼈長可尺五而扁容斗餘上竅出入猶小錢大長可五分用塞設兩環帶以革唯漆為之和靖翁送李山人故有身上秖衣麄直掇馬前長帶古偏提之句今世又有大漆葫蘆隔以三酒下果皿中上以青絲絡負之或副以書篋可作一擔加以雨具及琴皆可較之沈存中游山具差省矣唯酒杯當依沈制用銀器一

山轎

夏禹山行乘轎漢南粤王輿橋過嶺顔師古北人固不知南人乘轎渡嶺而洪景盧亦謂山行之車車只宜平地孰若今轎爲便橋即轎固無疑矣若山轎則無如今廬山建昌高下輪轉之制或施以青皁用肩板棱繩低舁之猶今貴介郊行者良便遊賞有如謝屐上山則去前齒下山則去後齒非不爲雅孰若今釘履爲便云

山備

山深嵐重仙道未能生薑豈容不種每旦帶皮生薑細嚼熟酒下之或薑湯亦可矣

梅花紙帳

法用獨牀傍植四黑漆柱各掛一半錫瓶插梅數枝後設黑漆板約二尺自地及頂欲靠以清坐左右設橫木亦可掛衣角安斑竹書貯一藏書三四掛白塵以上作大方目頂用細白楮衾作帳罩之前安小踏牀於左植緑漆小荷葉一寘香鼎𤋲紫藤香中只用布單楮衾菊枕蒲褥乃相稱道人還了鴛鴦債紙帳梅花醉夢間之意古語云服藥千朝不如獨宿一宵儻未能以此為戒宜亟移去梅花毋汚之

火石

語云鑽燧改火化書云陽燧召火方諸召水燧石中取火鏡也入夜則當以石今崑山石也或竹木相戛如鋸木然亦可矣必先焚紙在於鉢中後之如法燭及燈皆所當備若能捨乾薪掃落葉以儲之尤見有徹桑未雨之意

泉源

臘月剖脩竹相接各釘以竹丁引泉之甘者貯之以缸杜甫所謂剖竹走泉源者此也又須愛護用之諺云近

水惜水此實脩福之事云

山房三益

秋采山甘菊花貯以紅棊布囊作枕用能清頭目去邪穢采蒲花如柳絮者熟鞭貯以方青囊作坐褥或卧褥春則暴收甚温煗雖木綿不可及也采松樛枝作曲几以靠背古名養和

插花法

插梅每旦當刺以湯插芙蓉當以沸湯閉以葉少頃插蓮當先花而後水插梔子當削枝而搥破插牡丹芍藥

及蜀葵萱草之類皆當燒枝則盡開能依此法則造化之不及者全矣

詩筒

白樂天與元微之常以竹筒貯詩往來賡唱和靖翁故有帶斑猶恐俗和節不防山之句每謂既有詩筒可毋吟咏以助清灑一日許判司執中遠以葵牋分惠緑色而澤入墨覺有精采詢其法乃得之北司劉廉靖蹲采帶露葵葉研汁用布擦竹紙上候少乾用温火熨之許嘗有詩云不取傾陽色那知戀土心此法不獨便於山

家且知二公俱有葵藿向陽之意又豈不愈於題芭蕉書柿葉

金丹正論

金取乎剛丹取乎一不剛以戒慾不一以存誠豈金丹乎有如純乾即丹也自强不息即金也茍能剛毅以行吾誠則此丹可以存諸身而施諸天下豈小用哉如欲舍此以求法不過欲知玄牝之門耳非鼻非口非泥丸非丹田惟内腎一竅名玄關外腎一竅名牝戶牝戶毋所感觸則精不外化而後玄關可以上通既通則精氣

流轉於一身而復于元又能凝神調息以養之至於調息心靜則天地元氣自隨節候以感通久而不爲物奪自可以漸入天道過此又欲求三峯黃白之術此愚夫也何足以語道葢自古以來未嘗有貪財好色之神仙云

食豚自戒

僕舊苦臟疾偶遇人語曰但不食豚足矣試之一歲果爾按本草云其肉不可食令人暴肥而召風又耗心氣又文人尤所當戒且食多忌吳茱萸白花菜蕎麥皆不

可同食由是久不食而他病亦鮮且覺氣爽而讀書日益悟始信不食豚之功大或曰事祠山者當戒此恐未有所據云

種梅養鶴圖說

擇故山濱水地環籬植荊棘間栽以竹入竹丈餘植芙蓉三百六十入芙蓉餘二丈環以梅入梅餘三丈重籬外植芋栗果實内重植梅結屋前茅後瓦入門名尊經藏古今書中屏書堯舜之道孝弟而已矣夫子之道忠恕而已矣字進二丈設長榻二中掛三教圖横扁大可

山字上樓祀事天地宗親君師左塾訓子右道院迎賓
客進舍三寢一讀書一治藥一後舍二一儲酒穀列農
具出具壁塗澤以芋書田所畝三十記歲入一安僕後
庖廚稱是童一婢一園丁二前鶴屋養鶴數隻後犬十
二足驢四蹄牛四角客至具蔬食酒核暇則讀書課農
圃事毋苦吟以安天年落成謝所賜律身以廉介處家
以安順待下恕交鄰睦為子子孫孫悠久地先大祖瓚
在唐以孝旌七世祖逋寓孤山國朝謚和靖先生高祖
卿材曾祖之召祖全皆仕父惠號心齋母氏凌姓令妻

德真女張與自日小可山家塾所刊魏鶴山劉漫塘所
跋經集大雅復古詩集趙南塘趙玉堂序跋西湖衣鉢
樓秋房跋文絶圖贊真西山跋詩後趙南堂跋平衢宬
碑謝益齋史石窓陳東軒書梅鶴圖王潛齋繞晉唐帖
并寄詩陳習庵諸薦書唐宋詩律施芸隱詞扣閽奏本
十上都賦一續諷諫篇三十所藏當世名賢詩帖不計
百江湖吟卷不計千先和靖遺文二祖收五斤鐵簡一
誥勑存三十汀洲兄文雅禪書一家傳慈湖太極圖以
辛卯火不存其欲求趙子固水仙未能也手抄經史節

二論策括二志未遂而眼已花此圖落成在何時山有靈將有濟遇姑錄其梗槩少慰吾梅鶴云

江湖詩戒

樽酒論詩江湖義也或雖緩於理而急於一字一句之爭甚者赭面裂眦豈義也哉不思詩之理本同而其體則異使學騷者果如騷選者果如選學唐學江西者果如唐如江西譬之韓文不可以入柳柳文不可以入韓各精其所精如斯而已豈可執一法以律天下之士哉此既律彼彼必律此勝心起而義俱失矣於是作戒曰

詩有不同同歸於理已欲律人人將律已全此交情惟
默而已可與言者斯可言矣

山林交盟

山林交與市朝異禮貴簡言貴直所尚貴清善必相薦
過必相規疾病必相救藥書尺必直言事初見用刺不
拘服色主肅入敘坐稱呼以號及表字不以官講問必
實言所知所聞事有父母者必備刺拜報謁同自後傳
入一揖坐詩文隨所言毋及外事時政異端飲食隨所
具會次坐序齒不以貴賤僧道易飲隨量詩隨意坐起

自如不許逃席乏使令則供執役請必如斯毋違客例

有幹實告及歸不必謝凡涉忠孝友愛事當盡心無慢

嫉前輩須接誘後學以共追古風貴介公子有志於古

者必不驕人茍非其人不在茲約凡我同盟願如金石

相鹤诀

鹤不难相，人必清于鹤，而后可以相鹤矣。夫顶丹颈碧，毛羽莹洁，颈纤而修，身耸而正，足癯而节高①，颇类不食烟火人，乃可谓之鹤。望之，如雁鹜鹅鹳然，斯为下矣。养以屋，必近水竹；给以料，必备鱼稻。蓄以笼，饲以熟食，则尘浊而乏精采，岂鹤俗也，人俗之耳！欲教以舞，俟其馁而寘食丁阔远处②，拊掌诱之③，则奋翼而唳若舞状。久则闻拊掌而必起，此食化也，岂若仙家和气自然之感召哉？今仙种恐未易得，唯华亭种差强耳。

【注释】①癯（qú）：瘦。

②寘：同「置」。

③拊掌：拍手。

【译文】观察品评鹤之优劣并不难，相鹤之人只要比鹤清雅，就可以相鹤了。头顶鲜红，喉颈墨绿，羽毛晶莹洁白，颈项纤细而修长，身姿挺拔端正，足瘦而节高，好似不食人间烟火的仙人，这样的才能称之为鹤。远远望去，外形与大雁、野鸭、白鹅、鹳雀很像的，就属于下等了。在房舍中养鹤，房舍附近必须有水源和竹子；投喂鹤的食物，一定要用鱼和稻米。在笼中养鹤，一定要用熟食投喂，否则鹤就会沾染俗气而缺乏出尘之气，这怎么是鹤俗，不过是养鹤的人庸俗罢了！若想教鹤舒翼而舞，要先让鹤感到饥饿然后将食物放到空阔的远处，拍掌引诱，这样鹤就会舒展双翼、延颈而鸣好似舞蹈。时间长了鹤一听到拍掌就会舞蹈，这就是「食化」，难道与仙家感受自然之气修炼不是一样的吗？如今仙鹤恐怕难以养成，只有华亭鹤勉强令人满意吧。

种竹法

《岳州风土记》《文心雕龙》皆以五月十三日为生日，《齐民要术》则以八月八日为醉日，亦为迷日，俱有可疑。比得之老园丁曰：「种竹无时，认取南枝。」又曰：「莫教树知，先鉏地，令松且阔沃，以渠泥及马粪急移竹，多带宿土本者种之，勿蹈以足。若换叶，姑听之，勿遽拔去。」又有二秘法：迎阳气，则取季冬；顺土气，则取雨时。若虑风，则去梢而缚架，连数根种，则易生笋。过此，谓有他法者，难矣哉！

【译文】《岳州风土记》和《文心雕龙》都认为五月十三是龙生日，种竹易于成活，《齐民要术》则认为八月八日是竹醉日，也称竹迷日，适合种竹，这些说法都没有依据。比起老园丁说的：「种竹无需选择时间，必须要选择朝南生长的竹鞭栽种。」又说：「不要让树知道，先翻地，使土地虚松而开阔肥沃，用渠泥和马粪拌成细泥，将竹子快速移栽下去，竹子根部多带原生长地的土，不要用脚踩踏。若竹子换

【南宋】李唐《松荫休憩图页》

叶，也不要管，切勿急着将叶子摘掉。」还有两种种竹的方法：迎阳气，则选择农历十二月栽种；顺土气，则选择雨天栽种。若害怕风吹摇动，则剪掉枝叶然后搭建架子把竹子绑在架子上，连着数个根的竹子，则容易长出笋。除了这些方法，据说还有其他种竹的方法，可惜终难成器！

酒具

山径必以蹇驴载酒，讵容无具。旧有偏提①，犹今酒鼈②，长可尺五而扁，容斗余，上窍出入，犹小钱大，长可五分，用塞。设两环，带以革，唯漆为之。和靖翁送李山人，故有「身上只衣粗直掇，马前长带古偏提」之句。今世又有大漆葫芦，隔以三，酒下，果皿中，上以青丝络负之，或副以书篋③，可作一担，加以雨具及琴皆可。较之沈存中游山具④，差省矣，唯酒杯当依沈制，用银器。

【注释】①偏提：酒壶。

②鼈：同「鼈（鳖）」。

③书篋：书箱。

④沈存中（1031—1095）：即沈括，字存中，北宋杭州钱塘（今浙江杭州）人，博学多闻，于天文、地理、典制、律历、音乐、医药等无所不通，所撰《梦溪笔谈》，内容丰富，于科学技术阐述尤多。著有《梦溪忘怀录》，已亡佚。

【译文】山中小道要用走路缓慢的驴子驮酒，这样的话，岂能没有装酒的酒具。古时有一种酒壶叫偏提，很像现在的酒鳖，长一尺五，形状略扁，可容纳一斗多，上面有个孔用来倒酒，孔有一文小钱那么大，长达五分，装入酒后，需用塞子塞住。两边有两个环，带子用皮革制作，只用漆装饰。和靖公有一首《寄太白李山人》，所以有「身上只衣粗直掇，马前长带古偏提」的诗句。如今还有一种大漆葫芦，一分为三，酒在最下层，中间是摆放水果的器皿，上层用青丝络吊着，或者放在书箱中，可作一担，也可以再加上雨具和琴。与沈括在《梦溪忘怀录》中的游山具相比，也相差不多，只有酒杯应当按照沈括的说法，用银器。

山轿

夏禹山行乘轿，汉南粤王舆桥过岭①，颜师古北人，固不知南人乘轿渡岭，而洪景卢亦谓山行之车②。车只宜平地，孰若今轿为便？桥即轿，固无疑矣。若山轿则无如今庐山③、建昌高下轮转之制，或施以青罩，用肩板椶绳低舁之④，犹今贵介郊行者，良便游赏，有如谢屐⑤，上山则去前齿，下山则去后齿，非不为雅，孰若今钉履为便云。

【注释】①汉南粤王：即赵佗，西汉真定人。秦时为南海龙川令，后为南海尉。建南越国。汉高祖定天下，立赵佗为南越王。

②洪景卢：即洪迈，字景卢，号容斋，宋饶州鄱阳人，学识博洽，论述弘富，尤熟于

宋代掌故。著有《容斋五笔》《夷坚志》等。

③山轿：山行乘坐的轿子。用椅子捆在杠上做成。

④椶（zōng）：即棕榈。舁（yú）：抬。

⑤谢屐：即谢公屐，一种前后齿可装卸的木屐。原为南朝宋诗人谢灵运游山时所穿，故称。

【译文】夏禹山行乘轿，西汉南越王赵佗乘舆过岭，颜师古是北方人，所以不知道南方人要乘坐轿子才能穿山越岭，而洪迈也说山行之车。但车只适合在平地行驶，哪有现在的轿子方便？桥即轿，这是毫无疑问的。像山轿就没有如今庐山、建昌高矮两个轿夫轮换的方法，上山是矮前高后，下山则相反，还有在椅子上搭建青罩，用肩板和棕榈绳抬着降低轿子高度的方法，现在的富贵人家乘坐这种轿子去郊外，十分便于游赏，就像谢公屐，上山的时候去掉前齿，下山的时候去掉后齿，非常雅致，但哪有现在的钉履方便呢。

山备

山深岚重，仙道未能，生姜岂容不种？每旦，带皮生姜细嚼，熟酒下之；或姜汤，亦可矣。

【译文】山高谷深，云雾重重，仙人道士无法探寻，岂能不种生姜呢？每天早上，将带皮的生姜细细咀嚼，辅以热酒吞下；或直接饮用姜汤也是可以的。

梅花纸帐

法：用独床，傍植四黑漆柱，各挂一半锡瓶，插梅数枝。后设黑漆板，约二尺，自地及顶，欲靠以清坐。左右设横木，亦可挂衣。角安斑竹书贮一，藏书三四。挂白尘，以上作大方目，顶用细白楮衾作帐罩之。前安小踏床，于左植绿漆小荷叶一，置香鼎，然紫藤香。中只用布单、楮衾、菊枕、蒲褥，乃相称「道人还了鸳鸯债，纸帐梅花醉梦间①」之意。古语云：「服药千朝，不如独宿一宵。」倘未能以此为戒，宜亟移去梅花，毋污之。

【注释】①「道人」两句：出自宋朱敦儒的《鹧鸪天·检尽历头冬又残》。

【译文】梅花纸帐的具体做法是：在一张独床的四周立四根黑漆柱，在每根柱子上各挂一半锡瓶，瓶中插上几支梅花。床后设置一块黑漆木板，宽约二尺，高从地到顶，可以靠在板上清坐。床的左右设置横木，可用来挂衣服。床角放置一个斑竹书柜，柜子里放三四本书。床上挂一个白承尘，上架大方格顶，顶上蒙覆用洁白的细纸制作的床罩。床前放置一个小踏床，小踏床的左边放置一个小高几，高几是一根高杆从底座直升起来，杆头托着一个荷叶形的绿漆小台面，台面上放置香鼎，鼎中燃烧紫藤香。床帐中只用布单、纸被、菊枕、蒲褥，才与「道人还了鸳鸯债，纸帐梅花醉梦间」之意相称。古人语：「服药千朝，不如独宿一宵。」倘若不能以此为戒，则应立即拿走梅花，不要玷污梅花。

火石

《语》云：「钻燧改火。」《化书》云：「阳燧召火，方诸召水。」燧，石中取火镜也。入夜则当以石，今昆山石也。或竹木相戛如锯木然，亦可矣。必先焚纸在于钵中，后之如法，烛及灯皆所当备。若能拾干薪、扫落叶以储之，尤见有彻桑未雨之意。

【译文】《论语·阳货》中说：「钻燧改火。」《化书》中说：「阳燧召火，方诸召水。」燧，就是用来取火的石头。夜晚则以火石取火，火石就是现在的昆山石。或像锯木头那样用竹木相互刮削也可以取火。一定要先在钵中点燃纸张，然后按照这种方法，点燃蜡烛或油灯都可以。若能提前拾取一些干柴、扫集一些落叶储存起来，也是未雨绸缪之意。

泉源

腊月，剖修竹相接①，各钉以竹丁，引泉之甘者，贮之以缸。杜甫所谓「剖竹走泉源②」者此也。又须爱护用之，谚云：「近水惜水。」此实修福之事云。

【注释】①修竹：细长的竹子。

②「剖竹」一句：出自韩愈的《陪杜侍御游湘西两寺独宿有题一首，因献杨常侍》，

【南宋】马远《秋江待渡图》

此处应是诗人误记。

【译文】腊月，将细长的竹子破开相连，分别用竹丁钉起来，接引甘甜的泉水，贮藏在水缸中。这就是杜甫所说的「剖竹走泉源」。使用的时候一定要爱惜，谚语有云：「近水惜水。」这实在是修福之事。

山房三益

秋采山甘菊花，贮以红棊布囊①，作枕用，能清头目，去邪秽。采蒲花如柳絮者熟鞭，贮以方青囊，作坐褥或卧褥②。春则暴收，甚温燠③，虽木绵，不可及也。采松樛枝作曲几以靠背④，古名「养和」。

【注释】①棊：同「棋」。

②坐褥：放在炕几两侧或其他坐具

上的褥子，用厚毡等制成。

③温燠：同「温奥」，温暖。

④曲几：曲木几。古人之几多以怪树天生屈曲若环若带之材制成，故称。

【译文】秋日采摘山上的甘菊花，装在红棋布袋中，制作成枕头，可以清脑明目，驱除邪秽。采摘像柳絮般成熟的蒲花，装在方形青色的布袋中，制作成坐褥或卧褥。春日晾晒后收起来，特别暖和，即使木棉枕，也比不上；采摘松樛枝制作成曲几作为靠背，古时称之为「养和」。

插花法

插梅，每旦，当刺以汤。插芙蓉，当以沸汤，闭以叶少顷。插莲，当先花而后水。插栀子，当削枝而捶破。插牡丹、芍药及蜀葵、萱草之类，皆当烧枝，则尽开。能依此法，则造化之不及者全矣。

【译文】插梅花时，每天早晨，直接插入热汤中。插芙蓉时，要插入滚水瓶中，塞住瓶口这样叶子就不会软。插莲花时，要先将花放入瓶底后灌水。插栀子花时，先削花枝然后将剪断处捣碎。插牡丹、芍药及蜀葵、萱草之类的花时，都要用火烧花枝然后插入瓶中，那么花朵就会全开。能按照此法，就算自然中的花都比不上这些花。

诗筒

白乐天与元徽之常以竹筒贮诗①，往来赓唱②。和靖翁故有「带斑犹恐俗，和节不防山③」之句。每谓既有诗筒，可毋吟咏以助清洒？一日，许判司执中远以葵牋分惠④，绿色而泽，入墨觉有精采。询其法，乃得之北司刘廉靖躏⑤：采带露葵叶研汁，用布擦竹纸上，候少干，用温火熨之。许尝有诗云：「不取倾阳色，那知恋土心。」此法不独便于山家，且知二公俱有葵藿向阳之意⑥，又岂不愈于题芭蕉、书柿叶！

【注释】①白乐天（772—846）：即白居易，字乐天。元徽之（779—831）：即元稹，字徽之。

②赓唱：谓以诗歌相赠答。

③「带斑」两句：出自林逋的《赠张绘秘教九题·诗筒》。

④判司：古代官名。唐代节度使、州郡长官的僚属，分别掌管批判文牍等事务。亦用以称州郡佐吏。牋：同「笺」。

⑤北司：指唐内侍省。因设在皇宫之北，故名。

⑥葵藿向阳：即葵藿倾阳。葵花和豆类植物的叶子倾向太阳。比喻一心向往所仰慕的人或下级对上级的忠心。

【译文】白乐天与元徽之常常用竹筒存储诗歌，以便往来唱和。所以和靖公有「带斑犹恐俗，和节不防山」这样的诗句。我常常感慨既然有诗筒，怎能没有书笺以助诗兴呢？一天，判司许执中从远方购得葵笺，色绿而润泽，在上面写字让人觉得很有神采。许执中四处询问葵笺的制作方法，才从北司刘廉靖那里得知：清晨采摘带着露水的葵菜叶子研磨成汁，用布擦在竹纸上，待稍稍干后，用温火熨烫。许执中曾为此作了一首诗：「不取倾阳色，那知恋土心。」这种葵笺不独便于隐士入墨，且知二位先生都有葵藿倾阳之心，这岂不更胜于在芭蕉、书柿叶上题写！

金丹正论

金取乎刚，丹取乎一。不刚以戒欲，不一以存诚，岂金丹乎？有如纯乾即丹也，自强不息即金也。苟能刚毅以行吾诚，则此丹可以存诸身而施诸天下，岂小用哉！如欲舍此以求法，不过欲知玄牝之门耳①，非鼻、非口、非泥丸、非丹田，惟内肾一窍，名玄关；外肾一窍，名牝户②。牝户毋所感触，则精不外化而后玄关可以上通。既通，则精气流转于一身而复于元，又能凝神调息以养之。至于调息，心静则天地元气自随节候以感通，久而不为物夺，自可以渐入天道。过此又欲求三峯黄白之术③，此愚夫也，何足以语道？盖自古以来，未尝有贪财好色之神仙云。

【注释】①玄牝：道家指孳生万物的本源，比喻道。《道德经》：「谷神不死，是谓玄牝。玄牝之门，是谓天地根，绵绵若存，用之不勤。」

②牝户：阴户。

③峯：同「峰」。黄白之术：古代指方士烧炼丹药点化金银的法术。

【译文】金取其坚硬，丹取其唯一。不坚硬则戒欲，不唯一则存诚，难道只有金丹是这样的吗？就如纯乾即丹，自强不息即金。假如能够行事刚毅以彰显自己的真诚，那么金丹就可以存于每人身中进而施诸天下，这哪里是小用呢！如想舍弃此法而探求修行金丹之法，不过是想知道玄牝之门在哪里罢了，玄牝不是鼻、不是口、不在泥丸、不在丹田，只在内肾中的一穴，名为玄关；而外肾中的一穴，名为牝户。牝户没有感触，则精气不会外泄然后玄关可以上通。气息相通，则精气流转全身循环不止，又能凝神调息以养精气。至于调息，心静则天地元气自然随节候而感通，久之不为外物所夺，自然可以与天道相合。除了此法还有人想寻求三峰黄白之术，真是愚夫啊，和这样的人有什么可说的呢？大概自古以来，从未有过贪财好色的神仙吧。

食豚自戒

仆旧苦脏疾，偶遇人语曰：「但不食豚，足矣。」试之一岁，果尔。按本草云：「其肉不可食，令人暴肥而召风，又耗心气。」又文人尤所当戒，且食多忌，吴茱萸、白花菜、荞麦，皆不可同食。由是久不食，而他病亦鲜，且觉气爽，而读书日益悟。始信不食豚之功大。或曰：事祠山者当戒，此恐未有所据云。

【南宋】马远《山楼来凤图》

【译文】我过去曾患有脏腑方面的疾病，偶然遇到一个人对我说：「只要不吃猪肉，病自然会痊愈。」我尝试了一年没有吃猪肉，病果然痊愈了。按本草中记载：「猪肉不可食用，因为猪肉会让人肥胖进而中风，然后消耗人的心气。」文人更应该戒吃猪肉，况且吃猪肉时忌讳很多，像吴茱萸、白花菜、荞麦等食物，都不能与猪肉同时食用。于是我常年不吃猪肉，就连其他的病都很少得，整个人都觉得神清气爽，读书一日比一日感悟深。这才相信不吃猪肉对身体的确很有好处。有人说：侍奉祠山的人要戒猪肉，这种说法恐怕并没有根据。

种梅养鹤图说

择故山滨水地，环篱植荆棘，间栽以竹；入竹丈余，植芙蓉三百六十；入芙蓉余二丈，环以梅；入梅余三丈，重篱外植芋栗果实，内重植梅。结屋前茅后瓦。入阁名尊经，藏古今书，中屏书：「尧舜之道孝弟而已矣，夫子之道忠恕而已矣」字。进二丈，设长榻二，中挂三教图，横扁大「可山」字。上楼，祀事天地宗亲君师。左塾，训子；右道院，迎宾客。进，舍三：寝一、读书一、治药一；后舍二：一储酒、谷，列农具、出具，壁涂泽以芋。书田所畆三十①，记岁入。一安仆役②、庖湢称是。童一、婢一、园丁二。前鹤屋，养鹤数只，后犬十二足、驴四蹄、牛四角。客至，具蔬食酒核。暇则读书，课农圃事，毋苦吟③，以安天年。落成，谢所赐。律身以廉介，处家以安顺。待下恕，交邻睦，为子子孙孙悠久地。

先太祖瓒在唐，以孝旌，七世祖逋，寓孤山，国朝谥和靖先生。高祖卿材、曾祖之召、祖全，皆仕。父惠，号心斋，母氏凌姓。今妻，德真女张与。自曰小可山。

家塾所刊：魏鹤山、刘漫塘所跋经集④，大雅、复古诗集，赵南塘、赵玉堂序跋《西湖衣钵》，楼秋房跋《文绝图赞》，真西山跋诗后，赵南堂跋《平衢寇碑》，谢益斋、史石窗、陈东轩书《梅鹤图》，王潜斋拟《晋唐帖并寄诗》，陈习庵诺荐书《唐宋诗律》《施芸隐词》。扣阍奏本十⑤，《上都赋》一，续讽谏篇三十。所藏当世名贤诗帖不计百，江湖吟卷不计千。先和靖遗文二，祖收五斤铁简一，诰敕存三十⑥，汀洲兄文雅禅书一。家传《慈湖太极图》以辛卯火不存。其欲求赵子固《水仙》未能也。手抄经史节二论、策括二志⑦，未遂而眼已花。此图落成在何时？山有灵将有济遇，姑录其梗槩⑧，少尉吾梅鹤云。

【注释】①亩：古同「亩」。

②役：四库全书版《说郛》上作「後」，根据其他版本以及此处的意思，改为「役」。

③苦吟：反复吟咏，苦心推敲。言做诗极为认真。

④跋：文章或书籍正文后面的短文，说明写作经过、资料来源等与成书有关的情况。

⑤扣阍：叩击宫门。吏民向朝廷有所陈述申诉。

⑥诰敕：朝廷封官授爵的敕书。

⑦策括：宋代称士人为应付科举策试，将经史及时务主要内容编成的简括材料。

⑧槩：同「概」。

【译文】选择故乡的依山傍水之地，环绕篱笆种植荆棘，中间栽种竹林；离竹林一丈多远，再种上三百六十株芙蓉；离芙蓉二丈之处，以梅树环绕；进入梅树三丈多的距离，在重篱外种植芋头、栗树、果树，里面再种植梅树。然后建造房屋，屋顶先铺茅草，再盖泥瓦。收藏在阁楼中的都是宝典名经和古今佳书，中间的屏风上写着：「尧舜之道孝弟而已矣，夫子之道忠恕而已矣」等字。走进两丈，设置两张长榻，中间悬挂三教图，横匾上是大大的「可山」二字。上楼，宗祠牌位上书「天地宗亲君师」。左边是私塾，用来教育子女；右边是道院，用来迎接宾客。进入前舍有三间房：一间寝室，一间书房，一间药房；后舍有二间：一间用来储存酒、谷，堆放农具、出具，墙壁用芋泥涂饰。书田有三十亩，计入一年收入的总和。一间用来给仆役、庖厨做浴室。一个童仆、一个婢女、两个园丁。前面是鹤屋，养了几只鹤，后屋养了三只狗、一头驴、两头牛。客人到来，以蔬果和美酒招待。闲暇时则读书，或督促农事，作诗随性洒脱，以享天年。居室落成，感谢所赐。律己以清廉耿介，居家以平安顺遂。待下宽容，交好邻里，成为子子孙孙的长久之地。

先太祖林瓒在唐朝时，因孝顺受到朝廷的表彰，七世祖林逋，隐居在西湖孤山，仁宗追赠谥号和靖先生。高祖林卿材、曾祖林之召、祖父林全，全都出仕为官。父亲林惠，号心斋，母亲凌氏。如今的妻子，是德真女张与。自称小可山。

家塾刊行的书籍有：魏鹤山、刘漫塘跋经集，大雅、复古诗集，赵南塘、赵玉堂序跋《西湖衣钵》，楼秋房跋《文绝图赞》，真西山跋诗后，赵南堂跋《平衢寇碑》，谢益斋、史石窓、陈东轩书《梅鹤图》，王潜斋拟《晋唐帖并寄诗》，陈习庵诺荐书《唐宋诗律》《施芸隐词》。扣阍奏本十篇，《上都赋》一篇，续讽谏三十篇。收藏的当世名贤诗帖不少于一百，江湖吟卷不少于一千。先祖和靖公的两篇遗文，祖父收藏的五斤铁简一册，保存的诰敕三十封，汀洲兄文雅禅书一册。家传《慈湖太极图》由于辛卯年遭遇火灾没有保存下来。本打算求取赵子固的《水仙》却未能成功。手抄的经史节二论、策括二志，还没有完成眼就花了。此图落成在何时？山有灵将有大际遇，姑且将此图的梗概记录下来，稍慰我的梅鹤。

江湖诗戒

樽酒论诗①，江湖义也。或虽缓于理而急于一字一句之争，甚者赭面裂眦，岂义也哉？不思诗之理本同而其体则异，使学骚者果如骚，选者果如选，学唐学江西者果如唐如江西，譬之韩文不可以入柳，柳文不可以入韩，各精其所精，如斯而已，岂可执一法以律天下之士哉！此既律彼，彼必律此，胜心起而义俱失矣。于是作戒曰：「诗有不同，同归于理。已欲律人，人将律已。全此交情，惟默而已。可与言者，斯可言矣。」

【注释】①樽酒：杯酒。

【译文】樽酒论诗自有一种江湖之义。若不论诗理而急于一字一句之争，甚至争得面红耳赤，难道也是江湖之义吗？不去思考诗理本质相同只是体裁不同，让学骚体的人作诗当然如骚体，学文选的人作诗当然如文选，学唐诗、学江西诗派的人作诗当然如唐诗、江西诗派，就像韩愈的文章无法融入柳宗元的文章，柳宗元的文章也无法融入韩愈的文章，各精其所精，如此而已，怎能用一种写法来规定天下之士如何作诗呢！你用你的写法来要求我，我就用我的写法来要求你，好胜心一起那么江湖之义俱失，又何谈情谊呢。于是我作诗告诫：「诗有不同，同归于理。己欲律人，人将律己。全此交情，惟默而已。可与言者，斯可言矣。」

山林交盟

山林交与市朝异，礼贵简，言贵直，所尚贵清。善必相荐，过必相规，疾病必相救药，书尺必直言事①。初见用刺②，不拘服色，主肃入叙坐，称呼以号及表字，不以官，讲问必实言所知所闻事；有父母者，必备刺拜报谒同，自后传入，一揖坐。诗文随所言，毋及外事、时政、异端；饮食随所具；会次坐序齿，不以贵贱；僧道易，饮随量；诗随意；坐起自如，不许逃席；乏使令，则供执役。请必如期③，毋违客例；有干实告，及归，不必谢。凡涉忠孝友爱事，当尽心；无慢嫉前辈，须接诱后学，以共追古风。贵介公子有志于古者，必不骄人；苟非其人，不在兹约。凡我同盟，愿如金石！

【注释】①书尺：尺牍，书信。

②刺：名帖。

③期：四库全书版《说郛》上作「斯」，根据其他版本以及上下文意思，改为「期」。

【译文】山林之交与都市之交不同，礼贵在简，言贵在直，尊崇贵在清高。善行一定要表彰，过失必定要规劝，生病一定要送药医治，书信往来必会直言其事。初次见面一定要递上自己的名帖，不以衣着取人，主人请进门后，按辈分称兄或叫别人的表字，不以官名相称，讲话回答必定据实以告；拜访父母尚在之人，一定要准备名帖薄礼，报上自己的名字，从后堂进入，向其父母作揖后再坐下来。谈诗说文，只说与诗文有关的话，绝不谈论外事、时政、异端；饮食听从主家安排；按辈分年龄入坐，不分贵贱高低；僧道平易，饮酒随量；谈诗随意；起坐自如，不许逃席；猜拳划令若是输了，就要替别人斟酒。一旦受到别人的邀请，一定要准时赴宴，不要违背客人的惯例；如果因事不能前往，一定要据实以告，到了回家的时候，也不必向主人道谢。凡是涉及到忠孝友爱之事，一定要尽心尽力；不要慢待或嫉妒前辈，应当接引后学，共追古风。崇尚古道的贵族公子，一定不会傲视他人；如果不是崇尚古道的人，就不受本盟约的约束。凡是我的同盟，愿我们之间的友谊如金石长存！

图书在版编目（CIP）数据

山家清供 /（南宋）林洪编著 ；
谦德书院注译. -- 北京 ： 团结出版社， 2024.4
ISBN 978-7-5234-0602-1

Ⅰ. ①山… Ⅱ. ①林… ②谦… Ⅲ. ①烹饪－中国－南宋②菜谱－中国－南宋 Ⅳ. ①TS972.117

中国国家版本馆CIP数据核字（2023）第208416号

出版： 团结出版社
（北京市东城区东皇城根南街84号 邮编：100006）
电话：（010）65228880 65244790（传真）
网址： www.tjpress.com
Email： 65244790@163.com
经销： 全国新华书店
印刷： 北京印匠彩色印刷有限公司

开本： 787×620 1/24
印张： 11.5
字数： 190千字
版次： 2024年4月 第1版
印次： 2024年4月 第1次印刷

书号： 978-7-5234-0602-1
定价： 128.00元